NETTOIEMENT DE LA VILLE DE PARIS.

MÉMOIRE

PRÉSENTÉ AU

CONSEIL DE PRÉFECTURE

DU

DÉPARTEMENT DE LA SEINE,

PAR LA LIQUIDATION DE

MM. SAVALÈTE ET CIE.

Nota. *Le Cahier des charges de l'Entreprise du Nettoiement se trouve imprimé à la suite d'un premier Mémoire présenté au Conseil Municipal.*

PARIS,

IMPRIMERIE DE COSSE ET GAULTIER-LAGUIONIE,
Rue Christine, 2.

1839.

A MONSIEUR LE PRÉSIDENT

ET A MESSIEURS

LES MEMBRES DU CONSEIL DE PRÉFECTURE

DU DÉPARTEMENT DE LA SEINE.

Messieurs,

Depuis longtemps, les Entrepreneurs du Nettoiement de la Ville de Paris se sont abstenus de soumettre à votre tribunal le jugement des nombreux litiges qui ont surgi entre M. le Préfet de Police et eux; aujourd'hui ils ne viennent plus vous apporter des questions dont la décision n'aurait d'autre résultat que d'élever plus ou moins haut leurs dépenses d'exécution; ils ont à vous faire apprécier les causes qui ont arrêté dans son cours leur prospérité, et qui, en un court espace de temps, ont changé une opération florissante en un désastre épouvantable, et englouti le patrimoine de plusieurs familles.

Il faut décider si l'Entrepreneur, qui, sur la foi d'un Cahier de charges authentique, soumissionne, pour plusieurs années, des travaux considérables, a d'autres obligations que celles qui se trouvent CLAIREMENT énoncées dans son contrat.

1

Nos griefs sont nombreux et nos réclamations sont extrêmement importantes.

Nous sommes donc indispensablement obligés d'entrer dans bien des détails; la gravité de cette affaire les comporte; et non-seulement ils mettront le Conseil en position d'apprécier exactement le passé, mais ils auront aussi l'avantage, pour l'avenir, de jeter la lumière sur un grand nombre de questions relatives au Nettoiement de Paris, ce service important, qui figure pour la 50ᵉ partie dans les dépenses du budget municipal.

Il faut d'abord reporter les yeux assez loin en arrière.

Depuis 1818 jusqu'en 1827, le service a été exploité par M. Labalte, Entrepreneur général; le prix de l'adjudication était de 404,000 francs; cette somme ne pouvait suffire pour obtenir, dans les rues de Paris, même une apparence de propreté; car elle ne permettait d'employer, en moyenne, pendant l'année, que 93 tombereaux d'enlèvement, 200 balayeurs, 24 égoutiers et 38 tonneaux d'arrosement; le travail se prolongeait, pour ainsi dire toute la journée, et était en un mot absolument imparfait.

A cette époque, l'Entrepreneur général n'était pas responsable de la bonne exécution du service; il s'obligeait seulement à fournir des hommes, des voitures et des chevaux, et il faisait remplir ses engagements par des sous-traitants.

L'Administration comprit la nécessité d'un changement; mais avant d'adjuger de nouveau le service pour un bail de neuf années, elle voulut d'abord se rendre compte par elle-même de la quotité des dépenses, qu'exigerait un nouveau système, et elle se chargea, à compter du 1ᵉʳ Avril 1827, de faire exécuter, en régie, toutes les quatre parties du Nettoiement.

Elle se servit directement des anciens sous-traitants dont se servait M. Labalte, et en employant 216 tombereaux, 352 balayeurs, 64 égoutiers et 56 tonneaux d'arrosement, elle vit ses dépenses s'élever à environ 1,100,000 francs.

Mais bientôt l'Autorité supérieure et la Cour des Comptes, s'apercevant que ces dépenses s'étaient démesurément accrues, sans que l'exécution se fût améliorée dans la même proportion, jugèrent qu'il était indispensable de s'adresser à l'industrie, qui trouverait infailliblement à réaliser des économies là où l'Administration ne savait que suivre les coûteux errements des vieux abus.

Il fut donc décidé que l'Entreprise du Nettoiement serait de nouveau mise en adjudication; un Cahier de charges, rédigé sur de nouvelles bases, fut effectivement publié le 29 Décembre 1830, ou pour parler plus exactement, il y eut deux Cahiers de charges, l'un pour la rive droite, l'autre pour la rive gauche de la Seine, qui ne pouvaient, sous aucun prétexte, être réunies.

Jamais on ne vit rien de plus exorbitant que les conditions de ce double Cahier de charges.

Il était basé sur la responsabilité des Entrepreneurs, qui dans les précédents contrats n'en avaient pour ainsi dire aucune; mais d'un excès on tombait dans un autre, et pour prix de la liberté d'exécution qu'on leur accordait, des chances de bénéfices qu'on leur offrait, on leur imposait une telle généralité, une telle universalité d'obligations, qu'il n'y avait pour eux aucun espoir de prospérité, mais bien certitude complète de ruine.

Pour soumissionner, il fallait avoir le courage de fixer soi-même, pour neuf longues années, un prix irrévocable, moyenant lequel on se serait engagé à remplir un service, susceptible d'incalculables augmentations, c'est-à-dire qu'il fallait prendre, moyennant une somme strictement limitée, des obligations tout-à-fait indéfinies.

Des cautionnements de 200,000 fr. pour une rive et de 400,000 fr. pour l'autre, étaient la garantie exigée pour l'exécution de pareilles clauses.

En outre, si d'un côté les obligations étaient nombreuses et illimitées, de l'autre les entrepreneurs se mettaient à la merci de l'arbitraire le plus absolu, parce que l'appréciation du service était totalement abandonnée aux agents de l'Administration, dont le moindre subalterne avait le droit de déclarer le travail non fait, en le *considérant comme* mal fait.

Et puis, les retenues étaient fixées à un taux si élevé, qu'un seul jour pouvait suffire pour engloutir la subvention annuelle la plus haute qui eût été demandée.

Il n'y avait au milieu de toutes ces conditions qu'une seule innovation utile et heureuse, c'était l'article 12 de ce double Cahier de charges, qui réunissait dans la main de l'Entrepreneur le monopole des boues et immondices. La Ville de Paris allait ainsi profiter de la valeur de ces engrais, désignés sous le nom de *petit fumier*, qui jusque-là avaient été la proie de quiconque avait voulu les ramasser dans les rues.

Malgré cet avantage, il arriva ce qui devait être facilement prévu; il ne se présenta aucun adjudicataire, ni même aucun soumissionnaire.

Le service par régie, qui donnait lieu à de si déplorables abus, fut donc encore prolongé.

Mais, on avait présenté des observations à l'autorité compétente, et on lui avait expliqué que les soumissionnaires avaient été repoussés, non point par la crainte d'une responsabilité circonscrite et limitée, mais seulement par l'éloignement invincible qu'inspirent des engagements *vagues et indéterminés*, susceptibles d'une DILATATION *sans mesure*.

On se résumait à dire que pour un prix *fixe*, on ne pouvait prendre que des obligations également fixes, aussi *fixes* du moins que la nature des choses le comportait.

Puis on s'était étonné que la Ville de Paris continuât à laisser le service du Nettoiement dans une véritable enfance, qu'à l'exemple de tant d'autres villes, elle ne convertît pas cet abîme où viennent s'engloutir annuellement d'immenses dépenses en une source d'abondantes recettes ; qu'enfin, elle ne songeât pas à faire ressource d'une partie essentielle des débris jetés sur la voie publique, qui sont abandonnés abusivement aux chiffonniers, et dont le produit, judicieusement réuni, pourrait dépasser considérablement les frais d'une organisation plus dispendieuse que celle de cette époque.

Ces idées, qui frappèrent l'Autorité supérieure, furent en apparence accueillies par l'Administration de la Préfecture de Police, et le 28 juin 1831, un second Cahier des charges fut publié.

Du premier il n'était resté que la forme ; le fond avait subi d'immenses modifications.

La principale était l'introduction de l'art. 11 qui, en autorisant l'Entrepreneur, « s'il le jugeait convenable, à mettre en activité des voitures à « un seul collier, après quatre heures du soir en hiver, et après sept heures « en été, » lui donnait réellement le moyen de tirer parti du chiffonnage.

Puis il y avait partout un changement peut-être encore plus essentiel ; c'était une limite, posée dans chaque partie du service et dans chaque article, qui permettait enfin d'apprécier exactement les charges, et de calculer les dépenses qu'elles nécessiteraient.

En outre, les obligations, auparavant si vagues et si insaisissables, étaient enfin énoncées en termes clairs, qui ne laissaient plus de doute sur leur étendue.

Pour le balayage, on expliquait la pensée de l'Administration par l'intercallation du mot *ordinaire* ; on renonçait à considérer *comme non faits* les balayages *mal faits*, on rayait du nombre des marchés ceux *qui pourraient être établis par la suite*, et l'on rayait aussi l'obligation de balayer *les places nouvelles, les chaussées nouvelles ; une heure de plus* était accordée pour l'achèvement du travail; la fourniture des ouvriers, pendant l'hiver, était restreinte au nombre employé *ordinairement.*

Tout l'enlèvement ne devait plus être fait de sept à onze heures, en été, et de huit heures à midi, en hiver; une distinction importante était établie : l'enlèvement *ordinaire,* qui devait être commencé *au plus tard* à sept ou huit heures, et qui pouvait par conséquent l'être *dès la première heure* de la matinée, restait *seul* soumis à l'obligation d'être terminé à dix ou onze heures ; la gêne de beaucoup de stipulations, devenues superflues, avait disparu; pour le service des neiges et glaces, il ne fallait plus fournir, au lieu de la quantité énorme de 350 voitures et 700 chevaux, que le nombre employé au service *ordinaire;* enfin, les dépôts de glace, au lieu d'être déblayés *au moment du dégel,* ne devaient l'être *qu'à la suite des dégels.*

Pour les égouts, l'Entrepreneur n'était plus assujetti à livrer chaque jour les *ouvriers nécessaires au curage;* les obligations étaient limitées à 26280 *journées par an,* et un article *spécial* lui réservait le moyen, en améliorant le service, d'obtenir encore sur ce nombre une *importante économie.*

A l'égard de l'arrosement, les exigences étaient modérées, et l'on avait renoncé à *considérer comme non fait un arrosement estimé mal fait.*

Dans les dispositions générales, *un grand nombre* de clauses n'étaient pas reproduites; *la quantité* des contraventions était également restreinte; et le taux des retenues réduit au *quart* et même au *huitième; les frais d'adjudication* n'étaient plus à la charge de l'Entrepreneur, mais à ceux de la Ville; de 600,000 fr., le cautionnement était descendu à 300,000 fr.; les soumissionnaires n'avaient plus besoin, pour se présenter à l'adjudication, d'obtenir *l'assentiment préalable* de M. le Préfet de Police, etc.

A l'adjudication du 8 octobre 1831, un soumissionnaire, M. Jacob, prit l'Entreprise pour commencer au 1ᵉʳ Novembre 1831, moyennant une subvention annuelle de 848,442 francs.

M. Jacob, en s'engageant, pour un prix moindre que les 1,100,000 francs dépensés par la Préfecture de Police, à exécuter le service à la fois plus promptement et plus régulièrement qu'auparavant, avait compté, pour compenser ce surcroît de dépenses, sur deux ressources principales, 1° le droit au chiffonnage général; 2° le produit de la boue.

Ces deux grandes innovations, introduites dans le Nettoiement par les articles 9 et 11, devaient être protégées par des ordonnances spéciales.

M. le Préfet de Police annonçait ces règlements remis à l'Entrepreneur par une lettre du 20 Octobre 1831, ainsi conçue :

« Je m'occupe de la confection des ordonnances que nécessite la nou- « velle organisation de ce service; plusieurs ordonnances existent déjà et « n'ont besoin que d'être renouvelées ou modifiées. »

Ces promesses ont été réalisées par deux ordonnances du même jour, le 23 Novembre 1831.

Par la première, l'Administration interdisait (art. 1.) « aux habitants de la « campagne et autres personnes étrangères au service du Nettoiement, « de ramasser dans Paris, soit de jour, soit de nuit, les immondices et autres « objets déposés sur la voie publique. »

C'était bien par une mesure uniforme et régulière concentrer au crédit de l'adjudicataire le monopole des engrais, qui formaient pour lui une valeur appréciable ajoutée à la subvention.

Par la deuxième ordonnance, elle défendait expressément (art. 4) « de « déposer dans les rues aucune ordure, immondices, pailles et résidus « quelconques de ménage; que les habitants de la cité étaient obligés de « porter directement des maisons aux voitures du Nettoiement, au moment « de leur passage. » C'était bien encore assurer à l'Adjudicataire le mono- pole du chiffonnage de la capitale, dont il avait dû nécessairement calculer toute l'importance dans le prix de la soumission.

Ainsi allait commencer une ère nouvelle, qui pouvait, si les tentatives de l'Entrepreneur réussissaient, ouvrir pour la Ville de Paris une longue série d'économies; mais déjà il manquait à ces sages projets la protection de l'Administration; elle regrettait le premier Cahier des charges, qui était l'œuvre de sa pensée et repoussait le second comme le produit d'une volonté étrangère.

Il fallait que ses idées personnelles prévalussent, et les faits que nous allons dérouler devant le Conseil, ne seront que l'histoire des efforts perpétués pendant sept années pour atteindre ce but rétrograde.

M. Jacob avait pris un fardeau, qui excédait ses forces; dans les 23 jours, compris entre le jour de l'Adjudication et le commencement de l'En- treprise, il n'avait pas eu le temps d'organiser des moyens de service en rapport avec l'exécution des ordonnances, et notamment les voitures qui auraient dû être disposées de manière à ce que les desservants pus- sent y verser les paniers d'ordures présentés sur leur passage : une fois le service commencé, il ne trouva plus le loisir de s'occuper d'aucune inno- vation, et quatre mois s'étaient à peine écoulés, qu'il avait, en suivant les anciens errements, perdu plus de 65,000 fr., sans compter la détérioration du matériel, et qu'il résignait son service dans les mains de M. Savalète.

Celui-ci se chargea de sa liquidation, aux termes d'un acte notarié du 20 Mars 1832.

Toutefois, les espérances que faisait concevoir la réalisation du chiffonnage général restaient encore tellement positives, que M. Savalète payait à M. Jacob, pour cession de l'Entreprise, la somme considérable de 270,000 francs, à raison de 30,000 par chaque année du bail.

A cette époque, le choléra commençait à sévir dans la capitale ; il y avait un très grand intérêt pour l'assainissement, à ce que le nouveau système d'enlèvement fût mis à exécution ; la Préfecture de Police pressait vivement le nouvel Entrepreneur pour la mise en activité des nouvelles voitures ; elles furent livrées à la circulation le 1" Avril 1832.

Mais à peine eurent-elles pénétré dans Paris, qu'elles furent l'objet des plus vives attaques, de la part des chiffonniers, qui les brisèrent pour les brûler ou les jeter à l'eau ; malgré quelques tentatives pour maintenir l'ordre, les scènes tumultueuses du 1" avril se renouvelèrent pendant les deux jours suivants, et le calme se rétablissait, lorsque M. le Préfet de Police fit afficher, le 3 Avril, la proclamation par laquelle il rassurait les chiffonniers sur le sort de leur *profession*, en leur déclarant que rien ne serait touché à leur *industrie*, et que l'autorité ménageait TOUS *les intérêts*.

C'est-à-dire, que l'*intérêt* de l'Entrepreneur du Nettoiement, qui reposait tout entier sur des ordonnances promulguées depuis quatre mois, était complétement sacrifié à l'intérêt d'une classe vagabonde, en révolte ouverte contre les lois.

Dès ce jour, il fut évident que l'Entrepreneur du Nettoiement était abandonné à ses propres forces, et privé de toute protection.

Dépouillés d'un droit légitime par la brusque décision de l'Administration, nous eûmes à subir des pertes de tout genre.

Un premier matériel, repris des anciens fermiers, avait dû être remplacé par un second matériel, disposé d'urgence et à grands frais pour une organisation toute spéciale, et dont la dépense devenait complétement inutile ; il fallut recommencer l'établissement d'un troisième matériel.

De graves embarras financiers s'ensuivirent, qui, prolongés pendant plusieurs années, entraînèrent des conséquences très onéreuses.

Immédiatement, un produit périodique et assuré sur le chiffonnage nous était pour toujours enlevé.

Enfin des retenues excessives, qui n'avaient cependant d'autre cause que la destruction du matériel, vinrent diminuer pendant plusieurs mois le prix de notre travail.

Avions-nous par notre imprudence encouru volontairement ces dangers?

Non certainement, car la Préfecture de Police nous assurait, au contraire, que des mesures suffisantes étaient prises pour maintenir l'ordre, et une partie de nos voitures était brisée quand l'Administration nous avait écrit que *des patrouilles seraient chargées de protéger notre service.*

Il est vrai que les tribunaux nous ont alloué pour dédommagement de nos pertes matérielles une somme de 12,692 fr., c'est-à-dire que sur notre demande de 81,897 fr. 15 cent. pour réparation du tort intégral que nous avions éprouvé par la perte de chevaux, de voitures, de harnais, d'ustensiles, par les frais extraordinaires que de pareils événements occasionnent, par les amendes que la perturbation du service a motivées, les tribunaux, écartant la loi du 10 Vendémiaire an IV, qui oblige les communes à constater dans les vingt-quatre heures le dommage, nous ont condamnés à administrer la preuve légale de nos pertes, et n'ont admis que les faits appuyés de procès-verbaux, régulièrement dressés par des officiers de justice.

Le Conseil sait jusqu'à quel point il devient impossible aux victimes d'émeutes populaires de faire établir instantanément la preuve légale des faits qui s'accomplissent, surtout quand les soins d'un service comme celui du Nettoiement complétement désorganisé, absorbent toute leur attention.

Si nous avions été moins préoccupés des exigences de l'intérêt général, dans un moment où le choléra faisait ses plus grands ravages, nous aurions moins négligé des formalités, devenues plus tard indispensables, pour récupérer nos pertes.

Cependant l'Administration qui, de sa propre volonté, nous avait privés du chiffonnage général, nous obligea de consentir, par une lettre du 29 Mai 1832, à la suppression de ce droit, en nous faisant renoncer à la faculté laissée à l'Entrepreneur par l'article 11 du Cahier des charges de faire circuler nos voitures hors les heures fixées pour l'enlèvement ordinaire; mais, en compensation à cette renonciation de notre part, elle nous accorda une heure de plus que le terme stipulé, par l'art. 10, pour l'enlèvement des immondices dans les quartiers appelés excentriques.

Nous avions, sur cette base, établi un système, qui consistait à exporter au loin, sur la haute et la basse Seine, par bateaux, une grande quantité de boues, dans le but de ne pas les laisser à la discrétion des cultivateurs des environs de Paris, qui en ont un besoin indispensable.

Il en était résulté, que pour obtenir des engrais, ces cultivateurs avaient été obligés de venir nous les demander, et de les accepter à des conditions raisonnables, c'est-à-dire de s'astreindre à les enlever régulièrement dans les rues de la ville, en un mot, à faire eux-mêmes le service d'enlèvement dont nous étions chargés.

Combinaison féconde en résultats! combinaison, qui conciliait l'intérêt de l'Entrepreneur avec celui des cultivateurs.

En effet, l'Entrepreneur n'était plus obligé d'entretenir, pour transporter les boues dans un dépôt, un personnel et un matériel excessivement coûteux.

Et les cultivateurs, au lieu d'acheter à prix d'argent les boues dans les voiries, se les procuraient gratuitement.

Privés de l'avantage du chiffonnage par un événement politique, nous trouvions ainsi une source de réparations dans un système qui fut du reste excessivement pénible à mettre en pratique.

Peu d'années suffirent alors pour réparer les conséquences des désastres que nous avions subis, et pour recueillir les fruits d'une industrie dont nous nous faisons gloire, parce que nous avions trouvé le secret de gagner sans que personne ne perdît; notre prospérité était même utile à ceux qui en étaient les instruments, et elle devait aussi profiter à la Ville de Paris, si nous avions eu le temps d'en asseoir solidement les bases.

Malheureusement cette prospérité ne fut pas de longue durée : l'heure de tolérance nous fut enlevée, c'est-à-dire que la deuxième ressource du Nettoiement, la ressource du produit des boues nous fut ravie, non plus par un événement politique, mais par la seule volonté de l'Administration.

Notre succès était dû uniquement à cette latitude qui nous avait assuré le concours des cultivateurs voisins de la capitale; et c'était bien, en compensation du droit de chiffonnage, la moindre indemnité qui pût être accordée à l'Entrepreneur, alors surtout qu'elle était inoffensive pour la Ville de Paris, et qu'elle se réduisait à une simple facilité dans l'exécution du service (1).

Il y avait eu évidemment, dans la renonciation de l'Entrepreneur, et dans

---

(1) Le Cahier des Charges, du 29 Décembre 1830, accordait cette heure de plus pour l'enlèvement dans tout Paris.

la concession de l'Administration, un échange commutatif de conditions qui devenait obligatoire pour les deux contractants, et rien ne pouvait autoriser plus tard l'Administration à révoquer la concession, quand il n'était plus possible de rétablir l'Entrepreneur dans la jouissance des droits, qui avaient été une condition essentielle de son adjudication.

Ainsi l'art. 11, l'article le plus capital du traité, l'article qui donnait à la fois à l'Entrepreneur et le moyen de réaliser le droit au chiffonnage, et le moyen d'alléger positivement le service *ordinaire* d'enlèvement, s'est trouvé par le fait, rayé du Cahier des charges, par la *décision arbitraire de l'administration, motivée sur le simple désir du conseil municipal.*

Déjà à cette époque de graves attaques avaient été dirigées contre notre Entreprise ; mais les questions avaient été portées au Conseil de Préfecture, et votre sagesse nous préserva d'une ruine immédiate.

Il s'agissait en effet de savoir si le Conseil de Préfecture était compétent pour juger de la validité des retenues, conformément à l'art. 56 du Cahier des charges qui dit que *toutes les contestations qui pourraient s'élever sur l'exécution de toutes les clauses de l'adjudication seront jugées administrativement en Conseil de Préfecture, sauf le recours au Conseil d'État.*

On voulait repousser votre juridiction, et devenir dès ce moment souverain arbitre du sort de l'Entreprise.

Le 28 Octobre 1833, vous fîtes, Messieurs, justice de cette tentative en décidant « qu'il n'y avait pas lieu de s'arrêter à l'exception d'incompé-« tence, élevée dans le mémoire présenté au nom de M. le Préfet de « Police. »

Mais la même intention se reproduisit bientôt sous une forme nouvelle ; l'arrêté de M. le Préfet de Police, du 6 Octobre 1834, fut soumis à votre décision, parce qu'il portait que *le mandat du paiement de 69,482 fr. 55 c., solde de la liquidation de Septembre, ne serait délivré qu'après l'acceptation pure et simple dudit arrêté de compte par les entrepreneurs.*

Le 31 Janvier 1835, vous fîtes encore une fois justice en déclarant « que sauf la déduction préalable des amendes réglées par le Préfet de « police, aux termes de l'article 45, les douzièmes du prix de l'adjudica-« tion devront être intégralement ordonnancés ainsi qu'il est stipulé « en l'article 49. »

Mais si l'Administration échoua, lorsqu'elle cherchait à s'armer du moyen d'anéantir d'un seul coup la prospérité de notre Entreprise, elle fut plus heureuse en nous attaquant sur des questions d'exécution de service, dans lesquelles il devenait plus facile de surprendre la religion d'un Conseil haut placé.

Ainsi il fut question de juger, *si les sables dits de pavage*, c'est-à-dire ceux dont l'entrepreneur du pavage recouvre le pavé neuf, pour que les joints soient exactement garnis, et qui, contrairement aux règlements, étaient immédiatement relevés par les habitants, *doivent être considérés comme enlèvement productif réglé par l'article* 8, *ou comme enlèvement improductif réglé par l'article* 18.

Vous décidâtes, le 28 Octobre 1833, « que ces sables faisaient partie « de résidus quelconques énoncés dans l'article 8, et que l'enlèvement « devait en être opéré journellement, au fur et à mesure que les habi- « tants les relevaient en tas. »

Cependant, depuis lors, nous avons découvert un fait que l'Administration ne pouvait ignorer, c'est la condition imposée à l'Entrepreneur du pavage de faire balayer et enlever ces mêmes sables de pavage.

Nous avons démontré à M. le Préfet de Police que cet entrepreneur était spécialement rétribué pour ce travail à raison de 2 centimes par mètre superficiel, et une ordonnance de police, du 29 Octobre 1838, est venue interdire, pendant dix jours, aux habitants, le balayage habituel, menaçant de faire étendre à leurs frais les sables qu'ils auraient relevés ; et depuis cette époque, bien loin d'être obligés de nous conformer à votre décision, nous avions droit de recevoir à notre tour un salaire pour les enlèvements de sables, que nous serions appelés, à l'expiration du délai de dix jours, à exécuter d'office contre l'entrepreneur de pavage.

Nous avons ainsi obtenu complétement raison, mais seulement après avoir, *pendant cinq ans*, subi toutes les DÉSASTREUSES CONSÉQUENCES de la décision qui vous avait été *surprise.*

Ces conséquences ont été incommensurables, dans ces années qui ont vu complétement modifier la forme des rues de Paris les plus fréquentées.

En effet, le service d'enlèvement imposé à l'entrepreneur se divisait en deux catégories bien distinctes ; l'article 8 l'obligeait à faire l'enlèvement, que nous appelons PRODUCTIF, c'est-à-dire celui *des boues, immondices, pailles, herbages et résidus quelconques,* qui sont tous susceptibles de former de l'engrais, et l'article 18 était relatif à l'enlèvement IMPRODUCTIF, c'est-à-dire à celui *des terres, gravois, sables, décombres et mâchefers* qui ne peuvent entrer en fermentation, et qui doivent être *conduits aux décharges publiques et particulières, sauf recours en dommages et intérêts contre les auteurs de ces dépôts.*

2.

Les sables de pavage ayant été déclarés rentrer dans la catégorie des *résidus quelconques* indiqués par l'article 8, il en est résulté que les cultivateurs, qui s'étaient soumis à exécuter l'enlèvement régulier dans les rues de la Capitale, pour se procurer des engrais indispensables pour eux, se virent obligés de charger sur leurs voitures, au lieu de fumier, des sables qui avaient le double inconvénient d'être inertes et d'un poids excessif.

Aussi ceux-là qui avaient commencé à travailler sans rétribution aucune, ne continuèrent-ils qu'en stipulant à leur profit des conditions plus favorables; d'autres furent entièrement rebutés, et c'est de cette époque que date cette décadence progressive, qui s'est terminée par la ruine totale d'une Entreprise alors si prospère.

Vous fûtes encore appelés à décider la question de savoir *si l'Entrepreneur pouvait être par un premier procès-verbal mis en demeure de balayer des localités, qui n'étaient pas comprises dans le* Cahier des charges.

Justice nous fut rendue par vous, Messieurs, mais en statuant que nous devions être mis en demeure d'exécuter ces balayages, vous vous abstîntes de dire si nous les exécuterions en vertu de l'article 1er, ou par indemnité en vertu de l'article 2, vous conformant en cette occasion à votre principe de ne décider que les litiges qui vous étaient soumis.

L'Administation voulut inférer de votre décision que le tableau annexé au Cahier des charges n'était pas limitatif, mais seulement indicatif, et que désormais il dépendait d'elle de nous imposer de nouveaux travaux de balayage, suivant que les *besoins du service* l'exigeraient.

Il résulta de là, pour parler d'une seule espèce de localités, que les ruisseaux, qui sont désignés au nombre de 119 dans le tableau de balayage, s'étaient élevés à celui de 502, lorsqu'il a fallu abandonner le service : nous aurons, du reste, occasion de revenir sur ce point qui fait l'objet d'une de nos principales réclamations.

La question de savoir *si nous pouvions être passibles de retenues pour balayages mal faits vous fut également soumise,* et vous avez décidé « qu'un « procès-verbal devait être maintenu, parce qu'il constatait que le *ba-* « *layage avait été tellement mal fait qu'il devait être considéré comme* « *non fait.* »

Dès lors tout balayage, tant soit peu imparfait, a été, sans aucun égard aux circonstances, constaté dans les termes sur lesquels vous aviez basé votre décision. Et l'exagération a été poussée si loin, qu'elle a entraîné la ruine immédiate d'un de nos employés, qui avait traité à forfait avec nous pour le service du balayage. Cet employé ne nous avait demandé qu'un prix très modéré, parce qu'il comptait combiner le balayage public avec le balayage que les habitants doivent exécuter devant leurs maisons, et, en exécutant ce dernier travail pour leur compte, réaliser de cette manière le grand problème du balayage général, hors duquel il sera toujours impossible d'obtenir dans Paris une véritable propreté.

Ce projet si utile n'a pu être mis à exécution, parce que l'Administration a exigé une perfection de travail, toute nouvelle et si grande, que les dépenses excédaient le salaire; et nous avons été ainsi privés de l'économie que nous avions obtenue.

Il y a encore d'autres questions qui, sans vous avoir été soumises, ont été interprétées par l'Administration contre l'Entreprise; telle est, entre plusieurs, celle des arrivées tardives.

En Décembre 1836, l'Administration a fait constater l'arrivée tardive, après sept heures, des voitures requises pour l'enlèvement des neiges et glaces, et les considérant comme non fournies, les a frappées d'une énorme amende.

Cette contravention, non stipulée dans le Cahier des charges, et qui forme d'ailleurs l'un des objets de nos réclamations développées plus bas, frappait principalement les cultivateurs employés par nous au service de l'enlèvement; en les décourageant, elle allait nous priver totalement de leur concours, sans lequel il nous était complétement impossible de continuer le service.

Nous avons compris que c'était à notre existence que ce coup s'adressait, et comme il y fallait un prompt remède, que d'ailleurs ces tentatives pouvaient se renouveler chaque jour sous une forme nouvelle, que l'on pouvait imaginer telle combinaison contre laquelle il n'y aurait pas eu de résistance possible, nous primes le parti, au lieu de suivre la marche indiquée par le traité, et de porter la question devant le Conseil de Préfecture, toujours surchargé de tant d'occupations, de faire des réclamations auprès de M. le Préfet de Police, et plus tard auprès de M. le Ministre de l'Intérieur. Elles eurent pour résultat la nomination de deux Membres du Conseil municipal de Paris, qui furent chargés d'examiner nos griefs.

Quand cette Commission eut donné son avis, M. le Ministre de l'Intérieur nous engagea à nous adresser au Conseil municipal, et nous rédigeâmes, en conséquence, un mémoire que nous remîmes à M. le Préfet de Police, en le priant de le transmettre dans les formes légales.

Mais M. le Préfet de Police, en le transmettant, demanda au Conseil municipal, au lieu d'une *délibération*, un *avis purement consultatif*, que ce Corps ne crut ni dans ses devoirs, ni dans sa dignité de donner, de sorte qu'il refusa de s'occuper de notre réclamation.

Cependant les charges qui pesaient sur l'Entreprise avaient, dans ce long intervalle, toujours continué à être progressivement augmentées, et nous trouvant enfin contraints de dépenser mensuellement une somme beaucoup plus considérable que celle que nous recevions de la Ville, voyant nos ressources épuisées, ne trouvant aucun moyen de nous procurer la somme énorme, nécessaire pour atteindre le moment où vous auriez pu, Messieurs, avoir examiné une affaire hérissée de détails, et nous rendre la justice qui nous est due, nous avons été contraints de cesser le service.

En succombant sous le poids d'un fardeau beaucoup plus considérable que celui que nous nous étions, lors de l'adjudication, obligés de porter, nous n'avons point perdu de vue la nécessité d'assurer la bonne exécution du service que nous abandonnions, et nous avons offert à M. le Préfet de Police, par nos lettres des 4 et 6 Janvier 1839, « tous les moyens dont nous disposions », le concours de nos employés, notre concours personnel, et tous les « marchés avantageux que nous avions contractés avec nos fournisseurs », en un mot, le service comme nous l'exploitions avec le secret de toutes nos économies.

M. le Préfet de Police n'a pas accepté nos offres, et nous a notifié la résiliation de l'adjudication de notre entreprise. Nous ne jugeons pas son refus, mais nous constatons qu'il n'a pas dépendu de nous que la Ville de Paris ne profitât de tous les éléments du service, tel qu'il était organisé par nos travaux et notre expérience pratique.

C'est dans ces circonstances, Messieurs, que nous nous présentons devant vous, pour vous développer les nombreuses réclamations que nous avons à faire à la Ville de Paris.

Elles consistent dans :

1° Le paiement des excès de travaux qui nous ont été imposés ;

2° La restitution des retenues qui nous ont été faites ;

3° Le remboursement du cautionnement versé à la Caisse des dépôts et consignations ;

4° Le paiement des sommes liquides qui nous restent dues sur la subvention des mois d'Octobre, Novembre et Décembre 1838 et Janvier 1839, ainsi que de divers mémoires de travaux que nous avons exécutés.

CHAPITRE PREMIER.

PAIEMENT DES EXCÈS DE TRAVAUX QUI NOUS ONT ÉTÉ IMPOSÉS.

—

SECTION PREMIÈRE.

BALAYAGE A LA CHARGE DE LA VILLE.

Les réclamations qui se rapportent à ce service sont relatives :

1° Aux localités sur lesquelles M. le Préfet de Police nous a contraints d'exécuter un service régulier, quoiqu'elles ne fussent pas portées au tableau annexé au Cahier des charges ;

2° Aux localités agrandies depuis l'adjudication de l'Entreprise ;

3° Aux balayeurs requis pour le service des neiges et glaces, au delà du nombre employé au service ordinaire ;

4° Au service de sablage exécuté pendant les neiges et glaces par des ouvriers et des voitures extraordinaires ;

5° Aux balayages supplémentaires et extraordinaires exécutés par échange de jours ou de localités.

§ 1er. *Localités non portées au tableau annexé au Cahier des charges.*

Si la ville de Paris devait être journellement balayée en entier, ce serait un travail énorme.

On évalue la superficie de la voie publique à 3,128,000 mètres; un ouvrier balayant 1,500 mètres par jour, il faudrait en employer 2,085, et dépenser annuellement 1,042,500 francs.

Il n'en est pas ainsi.

Les ordonnances de police qui régissent la matière, et dont le Cahier des charges du Nettoiement n'est que l'appendice, divisent la Ville en deux grandes parties.

La première comprend, jusqu'au milieu des rues, des chaussées et des quais, la voie publique qui se trouve *au-devant des maisons, boutiques, cours et jardins,* etc., des habitants (1). Ces derniers sont chargés de *la balayer tous les jours complétement.*

La seconde, composée de tous les points qui ne sont pas au-devant des propriétés particulières, reste à la charge de la Ville, et se subdivise en deux grandes fractions.

L'une est formée des localités, sur lesquelles la Ville fait opérer un *balayage ordinaire,* soit tous les jours, même deux fois par jour, comme sur les halles, soit à des espaces plus ou moins rapprochés, trois fois, deux fois, une fois par semaine et même par mois, en un mot, un travail régulier à des époques fixes; l'Entrepreneur du Nettoiement se trouve, moyennant partie du prix de son bail, chargé à forfait du balayage de ces localités, détaillées dans un tableau de seize pages, annexé à son Cahier des charges.

La seconde fraction du balayage à la charge de la Ville, se compose de tous les points, sur lesquels un balayage ordinaire et régulier n'a pas été jugé nécessaire, et pour lesquels l'Administration s'est expressément réservé, par l'art. 2, d'ordonner des travaux extraordinaires, que l'Entrepreneur est tenu d'exécuter, moyennant l'indemnité qui lui est assurée; tels sont d'abord la presque totalité des boulevards intérieurs, ensuite tous les boulevards du midi, les avenues des Champs-Elysées, et beaucoup d'autres endroits des plus importants.

L'on voit qu'une grande portion de la Capitale n'est balayée ni journellement ni régulièrement.

Ainsi, l'Entrepreneur, tenu au *balayage ordinaire* à la charge de la Ville, n'est réellement chargé que de la très minime partie d'un balayage, tel que serait le balayage général et journalier de la totalité de Paris.

L'art. 1, et le tableau du balayage qui s'y rapporte, ont d'ailleurs fixé cette partie de ses obligations, par la détermination des localités, de leur étendue, et du nombre des jours de service, soit en été, soit en hiver.

Cette fixité positive est la condition essentielle de notre traité; c'est le changement capital apporté au premier Cahier des charges qui est resté sans soumissionnaires.

Dans celui-là, il était question de comprendre dans le travail *les places nouvelles, les chaussées nouvelles, les marchés qui pourraient être établis*

---

(1) L'on considère comme propriétés des habitants, les palais des Tuileries, du Luxembourg, de la Bourse, les églises, les hôpitaux, les théâtres, tous les grands établissements, comme le Jardin-des-Plantes, les Entrepôts des vins, etc.; les Hôtels des Monnaies, des Ministères, etc., etc.

par la suite, enfin, de faire contracter, par l'Adjudicaire, des engagements dont il n'aurait eu aucun moyen d'apprécier l'étendue; ces stipulations illimitées ont été effacées, et pour la plus grande sûreté des soumissionnaires, le balayage, qui doit être exécuté à forfait, a été en outre
précisé dans le nouveau cahier des charges, par cette expression limitative de balayage *ordinaire* à la charge de la Ville.

Cette fixité, que nous signalons à l'attention toute particulière du Conseil, était d'ailleurs également nécessaire dans l'intérêt bien entendu de
l'Administration et de l'Entrepreneur.

L'Administration, pour se former une opinion sur la dépense probable,
avait besoin de devis exacts, qui ne pouvaient se baser que sur les quotités et les contenances : comment aurait-elle pu déterminer le maximum
du prix de soumission, exigé par l'art. 61, si elle n'en avait pas eu la raison écrite, et vérifiée par des chiffres?

Pour l'Entrepreneur, la fixité était encore bien autrement importante:
car si pour la Ville tout est facultatif, contre l'Entrepreneur au contraire
tout est rigoureux, le texte du contrat comme l'application; à quoi lui
servirait de connaître exactement le prix d'une journée d'ouvrier, et
l'étendue que cet ouvrier peut balayer en un jour, si cette étendue elle-
même pouvait ne pas être précisée? Aussi le Cahier des charges lui donnait-il à cet égard toute espèce de satisfaction.

L'art. 1ᵉʳ, relatif au *balayage ordinaire* à la charge de la Ville, commence
par la nomenclature générale des *espèces* de localités, telles que les places
publiques, les traverses et escaliers des boulevards, les ponts, les quais
de la Seine, etc., etc., sur lesquelles cette obligation est susceptible du
s'étendre.

Cette nomenclature n'est pas complète; elle n'énonce que TREIZE espèces de localités, tandis qu'il s'agit réellement de VINGT-SEPT; les QUA
TORZE autres sont indiquées par ces mots : *en général, tous les points que
les ordonnances n'ont pas mis à la charge des habitants.*

L'art. 1ᵉʳ se termine par le paragraphe suivant :

*Répartition du travail. Le balayage de ces différents points, sera fait
conformément au tableau ci-annexé.*

Et à la suite du Cahier des charges est annexé un ETAT DE BALAYAGE
contenant, dans 16 pages, la désignation de 394 localités, avec les jours
de service pendant l'hiver et pendant l'été, la délimitation minutieuse
des ruisseaux ou parties de ruisseaux, des quais, des ponts, des places,
un état contenant, en un mot, L'INVENTAIRE des points, sur lesquels la Ville
a jugé convenable de faire exécuter un *balayage ordinaire et régulier*,

de telle sorte qu'un soumissionnaire, en mesurant la superficie de chaque localité, et en la combinant avec les jours de service et le prix du travail, pouvait se rendre un compte exact et fidèle des dépenses que cette partie du service devait nécessiter.

A l'égard des points qui ne sont pas compris dans le tableau, et qui ne sont cependant pas à la charge des habitants, s'ils sont provisoirement déshérités de la faveur d'un balayage ordinaire, il est du moins pourvu à leur propreté par l'art. 2 en ces termes :

« Si cependant les circonstances nécessitent un balayage extraordinaire
« et supplémentaire, sur les points désignés au tableau comme ne devant
« pas être balayés tous les jours, et même sur d'autres points quelconques
« de la voie publique, non indiqués en l'art. 1er, l'Entrepreneur serait tenu,
« à la réquisition qui lui en sera faite la veille, d'effectuer ce balayage.
« *Dans ce cas, il aura droit de la part de l'Administration à une indemnité*
« *qui sera fixée de gré à gré ou par experts, et en raison de la superficie*
« *sur laquelle ce balayage extraordinaire aura été effectué.* »

Nous avons quelques observations à faire sur cet article.

D'un côté, il est prévu qu'un balayage supplémentaire peut devenir nécessaire sur les *points désignés au tableau*, et dans ce cas une indemnité est accordée.

D'un autre côté, il est prévu qu'un balayage extraordinaire peut être également, moyennant indemnité, exigé sur des *points quelconques de la voie publique, non indiqués en l'art.* 1er; c'est donc dire que l'art. 1er, comme nous l'avons expliqué, ne comprend pas tous les points de la voie publique, et qu'il y a des points qui n'y figurent pas.

Enfin l'Administration, en parlant des points connus, *comme désignés au tableau*, et d s points inconnus *comme non indiqués dans l'art.* 1er, exprime l'identité de cet art. 1er avec le tableau, l'un contenant en détail tous les points que l'autre renferme en masse, et l'art. 1er, de son côté, ne comprenant que les points détaillés au tableau.

Jamais stipulations n'ont été rédigées en termes plus clairs.

Et cependant l'Administration, sans avoir égard à cette nouvelle expression de *balayage* ORDINAIRE *à la charge de la Ville*, insérée dans notre traité, a augmenté les balayages imposés à l'Entrepreneur par le Cahier des charges, et elle s'est fondée, pour justifier des extensions démesurées, sur cette phrase de l'art. 1er: *En général, tous les points que les ordonnances n'ont pas mis à la charge des habitants*, prétendant que le tableau annexé est seulement *indicatif*, et nullement *limitatif*.

Il y a dans une pareille interprétation une erreur trop grande, pour que nous nous y arrêtions, si les immenses conséquences qu'on en tire n'exigeaient de notre part un examen approfondi.

Avant d'apprécier les termes de cette phrase, voyons d'abord la place qu'elle occupe dans l'art. 1er.

Cet article, qui commence par nommer quelques-unes des ESPÈCES de localités qui doivent être balayées, qui en énonce 13 formant 341 articles du tableau, en désigne, après avoir épuisé les plus nombreuses, 14 autres, formant ensemble 53 articles, par une expression collective : *En général, tous les points que les ordonnances n'ont pas mis à la charge des habitants.*

Et immédiatement il renvoie à *l'État du balayage* contenant *la répartition du travail, en conformité duquel le balayage sera fait.*

C'est-à-dire que nommant les ESPÈCES de localité, qui, par leur nombre et leur étendue, méritent d'être nommées, il se contente ensuite de désigner les autres beaucoup moins importantes, en disant : *en général, tous les points que les ordonnances n'ont pas mis à la charge des habitants.*

La phrase qui nous occupe est donc le complément de l'énumération des NATURES de localités.

Si maintenant nous en examinons le sens exact, nous verrons qu'elle remplit parfaitement le but du rédacteur du traité, qui, après une énumération déjà assez longue, a brièvement expliqué que le tableau contenait encore beaucoup d'autres ESPÈCES de localités, dont aucune cependant n'était à la charge des habitants. En effet, l'expression *et en général* résume avec exactitude le tableau annexé, qui, *sans les comprendre tous*, contient LA MAJEURE PARTIE des points qui ne sont pas à la charge des habitants.

Mais on veut qu'elle signifie que l'Entrepreneur est obligé de *balayer*, SANS EXCEPTION, *tous les points qui ne sont pas à la charge des habitants.*

S'il en eût été ainsi, pourquoi donc ne lui avoir pas fait balayer cet immense boulevard, qui de la Madelaine s'étend jusqu'à la Bastille, et dont il n'a, conformément au tableau annexé, balayé pendant sept années que les traverses, le boulevard Saint-Denis, le boulevard Saint-Martin et le boulevard des Italiens ? Pourquoi l'Administration a-t-elle fait balayer par ses propres ateliers cette principale voie de circulation, qui n'est effectivement pas à la charge des habitants ? c'est qu'il était impossible de l'imposer à l'Entrepreneur, et de faire une si grande violence au Cahier des charges qui, à chaque page, et par des dispositions plus de vingt fois répétées, ne lui donne que les traverses et ces trois parties de boulevards exactement précisées ; c'est qu'il était impossible, en un mot, d'imposer le tout, quand il est positivement stipulé qu'il ne s'agit que d'une portion.

3.

Mais il y a d'autres localités, qui ne sont pas à la charge des habitants, que l'Entrepreneur ne balayait pas en partie, que l'Administration n'a jamais fait balayer par ses ateliers, qui sont restées abandonnées à leur malpropreté originelle, pourquoi ne pas les avoir imposées à l'Entrepreneur? Pourquoi ne pas avoir d'un trait de plume ajouté aux obligations, qu'il avait prises, celle de balayer et les avenues tout entières des Champs-Élysées et les boulevards du Midi et la chaussée du Maine, et tous les endroits presque innombrables omis dans le tableau du balayage? Pourquoi ne pas avoir doublé, triplé son travail, puisqu'on en avait le droit?

C'est qu'on n'avait pas ce droit.

Et que serait donc un Cahier des charges tel que celui de Nettoiement avec son tableau de balayage, si détaillé, si précis, si varié, depuis deux fois par jour, jusqu'à une fois par mois, c'est-à-dire varié dans la proportion de 1 à 60, si dans une phrase, qu'il faudrait bien, pour en dénaturer le sens, reconnaître au moins comme amphibologique, on pouvait cacher un travail beaucoup plus considérable que celui qui est minutieusement expliqué?

Le travail résultant du tableau annexé équivaut à un service journalier
de { 566,508 mètres, soit de 375 fr. en hiver,
{ 302,951 mètres, soit de 200 fr. en été, et le travail qui a été imposé
pour augmentations et agrandissements, en un service journalier
de { 373,015 mètres, soit de 200 fr. en hiver,
{ 223,043 mètres, soit de 150 fr. en été.

Et combien de localités n'auraient-elles pu, suivant le système de l'Administration, nous être imposées et grossir encore nos dépenses?

Mais si nos obligations n'étaient pas aussi clairement exprimées, si d'un Cahier des charges à l'autre des efforts n'eussent pas été faits pour leur donner la fixité la plus complète, si, à la place d'un long tableau, avec ses minutieux détails, il n'y eût eu qu'une énonciation vague et confuse, il faudrait alors consulter la loi commune, et nous trouverions encore une défense irrésistible dans les principes, en matières de conventions, qu'il est impossible de méconnaître.

On doit, dit l'art. 1156 du Code civil, *rechercher dans les conventions quelle a été la commune intention des parties contractantes.* Or, ici, peut-on supposer que l'Administration, surtout après les modifications apportées à son Cahier des charges, ait eu l'intention d'imposer à l'Entrepreneur des engagements inconnus et incalculables? Peut-on supposer aussi que l'Entrepreneur ait eu l'intention d'escompter un avenir tout-à-fait idéal, incertain, inappréciable, en d'autres termes une ruine aussi absolue qu'indéfinie ?

L'art. 1161 du même Code dit que *toutes les clauses des conventions s'interprètent les unes par les autres, en donnant à chacune le sens qui résulte de l'acte entier.* N'est-ce pas le cas d'appliquer cette règle à une généralité restreinte, et encadrée dans un ensemble de stipulations, qui toutes ont une spécialité et une limite, que la raison seule peut avouer.

L'art. 1162 veut que, *dans le doute, la convention s'interprète contre celui qui a stipulé et en faveur de celui qui a contracté l'obligation.* Donc, si le doute était ici possible, il devrait se résoudre en faveur de l'Adjudicataire.

Enfin il est un principe de haute sagesse, de justice et d'honnêteté, qui n'a jamais varié dans les législations anciennes et modernes, et qui a été consacré par l'art. 1163 : c'est que

Quelque généraux que soient les termes, dans lesquels une convention est conçue, elle ne comprend que les choses sur lesquelles IL PARAIT *que les parties se sont proposé de contracter !*

Or, dans l'adjudication du balayage, non-seulement *il paraît,* mais *il est de la dernière évidence,* que l'Entrepreneur n'a entendu balayer *ordinairement,* conformément à l'état du balayage, que les ruisseaux désignés, les places, les quais, les ponts livrés alors à la circulation, le Paris enfin, tel qu'il était figuré dans le cahier des charges, et qu'il n'a pu être obligé de balayer d'autres localités ou de balayer celles qui ont été désignées plus fréquemment, qu'en vertu de l'art. 2, qui lui alloue une indemnité.

Les augmentations de balayage, que nous avons subies, sont très importantes; nous les divisons par nature de localités.

1° PLACES PUBLIQUES.

Le Cahier des charges dit que « *le balayage* ORDINAIRE *à la charge de la Ville, comprend les places publiques. . . . . dont le balayage sera fait conformément au tableau annexé.*

Dans ce tableau sont nommées 61 places; ce sont les seules comprises dans le balayage ORDINAIRE.

Le premier Cahier des charges stipulait que l'entrepreneur balaierait *les places nouvelles;* cette clause a été effacée dans le second : il ne peut donc rester le moindre doute sur l'obligation qu'il nous a imposée à l'égard des places publiques.

Cependant, depuis 1831, ce nombre de 61 a été successivement augmenté tant par l'adjonction des places, alors existantes, qui n'avaient pas été comprises dans l'État du balayage, que par suite de l'élargissement

de quelques parties de la voie publique, et par suite également d'une nou·
velle dénomination, donnée à plusieurs autres localités.

Tous ces changements et ces embellissements sont étrangers à nos
obligations ; nous n'avons de places à balayer, suivant l'art. 1er, que les 61
places nommées au tableau du balayage, et sur toutes les autres, nous
avons exécuté le travail, qui nous a été ordonné, en conformité de l'art. 2,
et en raison de l'indemnité qu'il nous assure.

Cette indemnité s'élève pour le balayage extraordinaire sur les places,
à 12,232 fr. 77 cent., dont nous vous demandons d'ordonner le
paiement.

2° TRAVERSES ET ESCALIERS DES BOULEVARDS.

Les traverses des boulevards sont désignées au nombre de 35 par
8 articles de l'état du balayage.

Il nous en a été successivement imposé 8 autres, qui n'avaient pas
été comprises au Cahier des charges, probablement parce qu'elles
n'avaient pas, en 1831, une importance suffisante pour que la Ville se
grevât de cette dépense.

Nous repoussons cette obligation inattendue par les motifs généraux
que nous avons développés plus haut, et nous réclamons, conformément
à l'art. 2, l'indemnité qui nous est assurée, et qui s'élève, suivant l'état
n° 2, à la somme de 11,302 fr. 15 cent.

3° PONTS.

Le tableau du balayage, ne contient que 11 ponts sur la Seine, parce
que les autres sont laissés à la charge des compagnies intéressées.

La Préfecture de Police nous a imposé le balayage du pont de Gram-
mont, qui conduit à l'Ile Louviers, exclusivement occupée par le com-
merce de bois à brûler, et qui avait été omis comme tous les ponts soumis
à un droit de péage.

L'Administration nous a également imposé le balayage des ponts sur la
Bièvre au nombre de quatre, dont l'un a été construit récemment : il nous
suffit que ces localités ne soient pas comprises dans le tableau du balayage, pour ne pas nous tenir comme obligés de les faire balayer.

Le travail cependant a été fait conformément à l'art. 2, et nous donne
droit à une indemnité, qui, suivant l'état n° 3, s'élève à 1,926 fr. 55 centimes.

4° QUAIS.

Tous les quais de la Seine figurent dans le tableau du balayage, à l'exception toutefois d'un seul, celui de la Grève.

Il n'était pas en 1831 ce qu'il est maintenant; resserré entre les mai-sons et les bornes qui faisaient la limite du port au blé, ce quai n'était qu'une simple rue, assez peu large, et dont les habitants exécutaient le balayage.

La rue étroite est devenue une magnifique chaussée, dont le balayage nous a été imposé, parce que cette localité a pris un grand développement.

Nous avons fait le travail, non en vertu de l'article 1, mais conformé-ment à l'art. 2, qui nous alloue une indemnité ; elle s'élève, suivant l'état n° 4 à 4,585 fr. 60 cent.

5° RUISSEAUX ABOUTISSANT AUX ÉGOUTS.

Dans l'état du balayage, nous avons trouvé les ruisseaux de 119 rues, dont 9 ne sont même imposés que partiellement.

Des injonctions successives ont porté à 502 le nombre de ruisseaux que l'Entrepreneur était obligé de faire balayer.

Cette augmentation EXORBITANTE résulte de deux causes distinctes : la construction de nouveaux égouts et la transformation des chaussées fen-dues en chaussées bombées.

En multipliant les bouches d'égouts, on a dû nécessairement augmen-ter le nombre de ruisseaux qui y viennent aboutir ; en plaçant le pavé des rues d'une manière nouvelle, on a mené directement les ruisseaux des rues secondaires aux bouches d'égouts sans les faire tomber dans les ruisseaux des rues principales; mais cette circonstance que de nouveaux ruisseaux aboutissent aux égouts, n'est pas une raison suffisante pour que le balayage en soit effectué par l'Entrepreneur *sans indemnité*, lorsque le Cahier des charges, art. 2, la lui assure pour tout balayge ex-traordinaire et supplémentaire.

Que faudrait-il donc penser d'un contrat, où, sur une somme de 848,442 fr., on se verrait exposé pour les ruisseaux seuls, c'est-à-dire pour la dixième partie de l'un des quatre services, à une dépense ou à une économie de 50,000 fr. par an, suivant que plus ou moins d'égouts seront construits, plus ou moins de chaussées modifiées, en d'autres mots, sui-vant la direction que le hasard donnera aux événements? Évidemment cette latitude est beaucoup trop grande pour qu'elle ait pu exister : la Ville et l'Entrepreneur, de part et d'autre, n'ont pas fait une opération folle ; ils n'ont accordé et demandé que le prix d'un ouvrage non éventuel, mais bien certain et bien déterminé, de celui qui est précisé dans le Cahier des charges.

A cette considération générale viennent, pour les ruisseaux, se joindre quelques considérations particulières.

A la page 20 du Cahier des charges on lit : *les ruisseaux des rues désignées* AU PRÉSENT ÉTAT *devront toujours être nettoyés jusqu'aux embouchures des égouts.* Qui pourrait, sur ces mots si *limitatifs*, penser qu'il n'est pas question seulement des ruisseaux qui vont être nommés, mais de tous ceux de Paris sans exception, pour peu que des égouts soient construits ou que la forme des chaussées soit modifiée ?

Une autre remarque, c'est que d'après le dernier paragraphe de l'art. 22 du Cahier des charges, l'*Entrepreneur a droit à une indemnité, en cas de construction de nouveaux égouts*, et que, si on a stipulé que cet accroissement ne lui soit pas directement onéreux, il ne peut en souffrir indirectement par une augmentation de balayage.

Or, en 1833 il existait 40,000 mètres d'égouts souterrains ; depuis cette époque, la ville a été le théâtre d'améliorations prodigieuses, et les égouts atteignent maintenant une étendue en longueur de 120,000 mètres.

Les bouches d'égouts, si rares autrefois, s'ouvrent maintenant dans la plupart des rues, et bientôt l'on doit s'attendre à en trouver dans chaque rue.

Un changement si prodigieux ne pourrait donc être à la charge de l'Entrepreneur, lors même que dans son traité ses obligations n'auraient pas été aussi positivement circonscrites.

Puis, l'Administration nous a imposé ces ruisseaux, *comme des points que les ordonnances n'ont pas mis à la charge des habitants*, et les ordonnances que l'on invoque ordonnent expressément à ces habitants par un *article spécial*, de tenir libre le cours des ruisseaux au-devant de leurs maisons. Il n'existe pas de contradiction plus manifeste !

Une dernière observation maintenant, pour donner au Conseil la mesure des erreurs, dans lesquelles l'Administration est tombée.

Le tableau du balayage donne, avec le détail des localités, le nombre de jours par semaine, où elles doivent être balayées, tant il est vrai que le Cahier des charges s'est efforcé de préciser exactement nos obligations ; mais quand de nouveaux ruisseaux nous ont été imposés, au lieu de se

guider pour la quotité des jours sur celle fixée à l'égard des rues adja-
centes, et de la régler, d'après l'importance relative, on n'a écouté que
ce qu'on appelle les *besoins du service.*

Nous pourrions citer des exemples nombreux : en voici quelques-uns.
Page 22 du Cahier des charges, le ruisseau de la rue du faubourg du
Temple, depuis le boulevard jusqu'au canal, doit être balayé *une fois* par
semaine, et il est stagnant.

Depuis quelque temps on nous a forcés, malgré le texte du tableau, de
balayer le ruisseau du restant de cette rue, depuis la barrière jusqu'au
canal; il nous a été imposé par semaine *trois fois*, et il a une pente
torrentielle.

A la page 25, le ruisseau de la rue du faubourg Saint-Martin doit être
balayé par semaine *deux fois.*

Le ruisseau de la rue très secondaire des Marais, qui y touche, nous est
imposé *tous les jours.*

Au ruisseau de la rue si importante de Charenton, prescrit, page 21,
une fois par semaine, nous opposons celui de la rue presque déserte
de Reuilly, qui nous est imposé *deux fois* par semaine.

Et au ruisseau de la rue du faubourg Poissonnière, prescrit, page 26,
deux fois par semaine, ceux des rues de l'Échiquier, d'Enghien, des
Petites-Écuries, Bergère, Bleue, imposés pour *tous les jours.*

Nous aurons souvent l'occasion de le faire remarquer au Conseil:
Poussée par la manifestation d'idées nouvelles, pressée de contribuer
aussi à l'amélioration de la Capitale, impatiente du contrat qui la liait
aussi bien que l'Entrepreneur, jusqu'en 1840, l'Administration a oublié
qu'elle avait conclu, pour un prix fixe, une convention de longue durée,
et qu'elle devait attendre une nouvelle adjudication pour stipuler des
obligations plus étendues.

Ici, comme elle l'a fait, du reste, pour chaque article du Cahier des
charges, la Préfecture de Police s'est crue en droit de créer, à la charge
de l'Entrepreneur, des localités nouvelles, lors même qu'elle ne pouvait
pas augmenter les jours de service pour les localités spécifiées dans le
contrat, et elle a innové pour le tout, quand l'innovation partielle lui était
interdite, faisant ainsi beaucoup plus, quand il ne lui était pas facultatif
de faire beaucoup moins.

Vous repousserez un système aussi dangereux, et vous nous allouerez,
pour le travail que nous avons fait sur les ruisseaux, conformément à l'article 2, l'indemnité qui nous est assurée, et qui s'élève, suivant l'état n° 5,
à 69,656 fr. 45 cent.

4

6° BARRIÈRES.

Dans le tableau du balayage, 38 barrières sont nommées, dont une, celle de Longchamps, page 31, n'étant point pavée, ne devait être l'objet d'aucun service.

A ces 37 barrières, la Préfecture de Police a joint successivement, outre celle de Longchamps, les 13 autres qui avaient été omises.

Avant 1828, les barrières n'étaient pas balayées par les soins de M. le Préfet de Police; les commis de l'octroi s'en trouvaient chargés, comme habitants des bâtiments.

De 1828 à 1831, un service spécial fut organisé pour les 25 barrières les plus importantes, où les employés sont constamment occupés à percevoir les droits d'entrée.

Dans le Cahier des charges, rédigé pour la nouvelle Entreprise, ce nombre fut porté à 37, et les barrières les plus secondaires, celles où il n'entre que peu de voitures, et où il n'en entre même aucune, n'y furent pas comprises.

En présence de pareils faits, un soumissionnaire ne peut certainement pas se figurer qu'il sera tenu de balayer toutes les barrières sans exception, même celle des Rats, qui est *condamnée.*

Le balayage des barrières est excessivement pénible; nous ne réclamons cependant, qu'au taux ordinaire de 2 1/2 cent. par mètre et par mois, l'indemnité qui nous est assurée par l'art. 2, et qui, suivant l'état n° 6, s'élève à 5,411 fr. 70 cent.

7° MARCHÉS.

20 Marchés sont nommés dans l'état du balayage; ce nombre a été augmenté de 12 autres.

Ce sont les trois marchés à fourrages, qui, en 1831, n'étaient pas la propriété de la Ville, ce sont les nouveaux marchés aux fleurs, dont le service est d'autant plus onéreux, qu'ils produisent un enlèvement plus considérable de terres sans valeur.

Ces aggravations nous ont toujours été excessivement pénibles, parce que nous voyions ouvrir pour nous une source de pertes là où la Ville trouvait une source de bénéfices, dans la perception des droits de place dont elle reçoit le montant.

A l'égard des marchés, il existe, outre les motifs généraux, une considération particulière : le Cahier des charges, resté sans soumissionnaire, disait à l'art. 2 : *il (le balayage) comprend aussi les halles et marchés qui sont la propriété de la Ville, et* CEUX QUI POURRAIENT ÊTRE ÉTABLIS PAR LA SUITE; dans le Cahier des charges qui nous régit, cette dernière clause a été complétement supprimée.

Nous n'avons rien à ajouter à ce rapprochement, et nous devons seulement signaler à l'attention du Conseil cette tendance continuelle, ces efforts constants de l'Administration de faire revivre des obligations auxquelles il avait fallu expressément renoncer pour trouver un adjudicataire.

Chacune de nos réclamations nous en fournira des preuves irréfragables.

Nous nous étonnons aussi que par *halles et marchés qui* SONT *la propriété de la Ville*, l'Administration ait voulu comprendre les marchés qui n'appartenaient pas à la Ville, et qui sont devenus sa propriété par des transactions postérieures à l'adjudication du Nettoiement.

Le travail extraordinaire qui nous a été commandé, a donc été exécuté conformément à l'art. 2, et moyennant l'indemnité qu'il nous assure; elle se monte, suivant l'état n° 7, à 1,378 fr. 55 cent., dont nous réclamons le paiement.

A l'égard des places de stationnement des voitures d'approvisionnement, il y a eu aussi depuis sept ans un développement proportionné aux nouvelles idées d'amélioration. Les anciens emplacements ont insensiblement paru insuffisants, et il a fallu s'étendre sur de nouvelles localités, balayées par nous à l'instar des anciennes. Cette aggravation de charges, *que nous ne pouvons maintenant plus préciser*, est un de ces dommages sans nombre que nous avons supportés, et qui ont hâté notre ruine, sans que nous en soyons indemnisés, tandis que d'un autre côté la Ville stipulait avec le locataire de ces mêmes places de stationnement, qu'il n'en ferait pas le balayage, mais qu'il paierait une rétribution d'autant plus considérable.

8° CARREFOURS.

Les carrefours ne figurent pas dans le nombre des natures de localités énumérées en l'art. 1er, seulement il s'en trouve 20 désignés dans l'état du balayage.

Successivement il nous en a été imposé 27 autres.

Les notifications qui nous ont été faites des ordres de M. le Préfet de

Police, portent qu'*attendu que le balayage de tous les points qui ne sont pas à la charge des habitants est à notre charge*, nous sommes tenus de balayer ces divers carrefours.

Mais ces carrefours sont formés *de moitiés de rues et de chaussées au-devant des maisons, boutiques, murs, jardins et autres emplacements appartenant aux habitants*, et dont le balayage est expressément mis à *leur charge* par l'art. 1 de toutes les ordonnances de balayage.

Dès lors le motif allégué pour nous les imposer serait déjà à lui seul suffisant pour qu'ils ne nous fussent pas imposés.

Les maisons qui entourent les carrefours font toutes partie intégrante d'une des rues qui viennent s'y joindre, et elles ont sur les autres le privilége de jouir de plus d'air et de plus de clarté : c'est un avantage qui compense largement, pour les propriétaires, la dépense d'un balayage, peut-être un peu plus étendu qu'ailleurs.

Mais la Préfecture de Police, ambitieuse de contribuer de son côté à la propreté publique, ne s'est pas arrêtée aux stipulations du Cahier des charges, et a voulu faire balayer par l'Entrepreneur ces points de la voie publique qui sont plus fréquentés que les autres.

L'art. 2 lui en offrait le moyen légal; mais s'il ne lui a pas convenu d'y avoir recours, il n'est pas pour cela possible quand la subvention est irrévocablement fixée, d'ajouter, aux obligations de l'Entrepreneur, le balayage des carrefours qui, dans la Capitale, s'élèvent au nombre de 1000 ou 1200.

Suivant l'état n° 8, le travail de balayage, qui a été exécuté sur ces carrefours, nous donne droit de réclamer une indemnité de 5,936 fr. 85 c.

9° CHAUSSÉES.

Sous le nom de chaussées, le tableau de balayage désigne 10 localités, qui, dans l'art. 1, sont représentées par l'expression collective : *en général tous les points que les ordonnances n'ont pas mis à la charge des habitants.*

Depuis l'adjudication, 13 endroits, détaillés dans l'état n° 9, nous ont été imposés *parce qu'ils ne sont pas à la charge des habitants*; ce n'est pas un motif suffisant pour que nous exécutions sans indemnité spéciale un travail dont l'importance n'a pu former un élément de l'appréciation de nos dépenses.

Ces localités ne faisaient pas, en 1831, partie du balayage *ordinaire* à la charge de la Ville; le silence du tableau en fait foi, et l'art. 2 a prévu pour les balayages extraordinaires sur les points non désignés par le Cahier des charges, une indemnité que nous réclamons en 2,608 fr. 80 c.

10° BERGES.

L'on ne trouve dans le tableau du balayage qu'un seul article, à la page 33, relatif aux **berges**, *à partir du pont Saint-Michel jusqu'au Pont Royal.*

Malgré ces termes précis, l'Administration nous a contraints de balayer toutes les berges de la Seine.

Nous ne nous sommes pas refusés à exécuter ce travail, mais nous réclamons le bénéfice de l'indemnité stipulée par l'art. 2, qui, conformément à l'état n° 10, s'élève, pour cette nature de localités, à 2,318 fr. 12 c.

11° FONTAINES.

Nulle part il n'est fait mention de fontaines, si ce n'est à la page 33, où il est question de la fontaine Saint-Séverin, dont la façade doit être balayée en même temps que le ruisseau de la rue Saint-Jacques.

Il nous en a cependant été imposé seize autres.

L'indemnité qui nous est due pour ce balayage s'élève, suivant le détail de l'état n° 11, à 329 fr.

12° DIVERSES LOCALITÉS.

En outre de toutes les localités que nous venons de détailler, l'Administration nous a imposé le balayage de plusieurs endroits, détaillés dans l'état n° 12.

La décision de la Préfecture de Police est motivée sur ce que *ces points ne sont pas à la charge des habitants;* nous opposons qu'ils ne sont pas nominativement indiqués dans le Cahier des charges, et nous réclamons, pour ce motif, une indemnité de 1,432 fr. 07 c.

§ 2. *Localités agrandies depuis l'adjudication de l'Entreprise.*

La fixité des obligations, qui était indispensable pour la Ville aussi bien que pour l'Entrepreneur, forme le principe essentiel de notre Cahier de charges.

Cette fixité est écrite dans les art. 1er, 8, 22, et 29, qui, pour chacun des quatre services, déterminent le travail auquel l'Entrepreneur s'est engagé, et comme l'avenir pouvait amener des besoins plus grands que les prévisions du jour de l'adjudication, il y a été pourvu par quatre stipulations spéciales.

L'art. 2 stipule une indemnité pour les balayages extraordinaires et supplémentaires, qui deviendraient nécessaires.

L'art. 8 oblige l'Entrepreneur à faire dans *les rues à ouvrir*, pendant la durée du bail, l'enlèvement des immondices sans rétribution extraordinaire, parce que ce travail est censé, jusqu'à un certain point, productif et susceptible de couvrir la majeure partie des dépenses; d'ailleurs par cela même que cet article prévoit une exception d'avenir *pour les rues à ouvrir*, il confirme la règle pour toutes les autres parties de la voie publique, qui ne sont pas l'objet d'une stipulation semblable.

L'art. 22 promet une indemnité en cas de construction de nouveaux égouts, si ce service exige l'emploi d'un nombre d'ouvriers supérieur à 26,280 par année.

L'art. 30 enfin donne droit à l'Entrepreneur à une indemnité pour l'arrosement de localités autres que celles indiquées en l'art. 29.

La fixité, assurée par le traité, deviendrait cependant illusoire, si circonscrite dans le nombre des obligations, elle pouvait être éludée pour l'importance de chaque obligation en particulier.

Il a donc fallu pour chaque obligation garantir l'immuabilité, et en reportant maintenant nos regards sur l'art. 1, nous trouvons cette garantie exprimée par des termes qui ne s'appliquent qu'au *temps alors présent.*

Chacune des phrases de cet article est une preuve évidente que le rédacteur du Cahier des charges a parlé de l'actualité du moment, déterminé soit par la date du 28 juin 1831, jour de la signature et de la publication, soit par la date du 8 octobre 1831, jour de l'adjudication, soit par la date du 1ᵉʳ novembre 1831, jour du commencement du bail.

Ainsi l'art. 1ᵉʳ dit : « que le balayage ordinaire *comprend* les places, qu'il *comprend* aussi les halles et marchés, qui *sont* la propriété de la Ville, ainsi que les rues où les marchands *sont* autorisés à stationner; en général, tous les points que les ordonnances *n'ont pas* mis à la charge des habitants· »

Pour l'Entrepreneur, les limites de chaque localité sont donc immuablement fixées; elles n'existent pour lui, quoi qu'il puisse arriver, que dans l'état où elles existaient au jour de l'Adjudication, et il n'a pas à s'occuper de toutes les modifications qu'y ont apportées tant de travaux d'amélioration et d'embellissement.

Il devrait encore bien moins souffrir des conséquences de l'empiétement, qui se reproduit tous les jours partout; chaque inspecteur de la salubrité, jaloux de voir s'améliorer la propreté de la division qui lui était confiée, exigeait de nos employés tantôt quelques mètres en long, tantôt quelques mètres en large, et finissait par créer des habitudes qui nous ont été excessivement onéreuses.

Cependant la plupart de ces empiétements ne sont pas de nature à être justifiés ; ce sont des pertes que nous subissons sans espérer de dédommagement, et nous ne formulons des réclamations que là où des preuves peuvent être administrées.

On va voir quelle extension , malgré les dispositions formelles du Cahier des charges, a été donnée au service du balayage sur les points désignés au tableau annexé.

1° PLACES PUBLIQUES.

Diverses causes ont produit des agrandissements dans les places publiques; les unes comme la place de la Bastille, la place du Panthéon, ont été complétées par le pavement des parties qui étaient restées en terre (1); dans d'autres, comme dans les places des Victoires, de la Bourse , la place Royale , les inspecteurs de la Salubrité ont exigé le balayage jusqu'aux trottoirs longeant les maisons, au mépris des ordonnances qui ordonnent aux habitants de balayer la moitié de la chaussée au-devant de leurs propriétés. Quelquefois un nouveau pavement, comme cela est arrivé à la place Beaudoyer, a reculé les ruisseaux vers les maisons, et a produit une plus grande superficie; d'autres fois, comme à la place Laborde, il a suffi, pour nous imposer une augmentation de travail, de comprendre dans une localité des rues latérales qui n'en faisaient antérieurement point partie.

Enfin, les places de la Madeleine et de la Concorde doivent leur agrandissement aux embellissements, dont elles sont l'objet.

La première a vu tomber les maisons, aux dépens desquelles elle a pu prendre tout le développement actuel; la seconde a vu couvrir d'asphalte

---

(1) L'on conçoit que l'Entrepreneur n'est pas tenu de balayer les parties de terre ; en hiver, elles forment des bourbiers sans fond ; en été, elles fourniraient des quantités énormes de poussière La question est d'ailleurs jugée par le Cahier des charges, où la barrière de Longchamps ne doit pas être balayée, parce qu'elle n'est point pavée, et où il a fallu une mention spéciale pour imposer les parties *non pavées* du marché Saint-Martin.

de grandes parties de terre ; c'est une belle amélioration ; mais, en 1831, avons-nous pu soupçonner les travaux, dont cette place est devenue l'objet, et l'asphalte dont on fait usage? Personne ne songeait alors à des embellissements de cette nature, on croyait que les parties qui n'étaient pas balayées seraient engazonnées.

Objecterait-on la stipulation insérée dans le tableau annexé page 3o, que « nous balayons tous les jours sur une largeur de vingt mètres, pour « servir de communication de la rue Royale au pont, et les autres parties « une fois par semaine. »

Ces mots : *les autres parties*, sont placés là en opposition avec la largeur de 20 mètres qu'il faut balayer tous les jours; mais, certes, ils n'ont pu signifier des parties terrées de la place de la Concorde, des parties que l'on ne balayait jamais : autant vaudrait-il dire que si les fossés de cette place avaient été comblés, comme le projet en a été délibéré, s'ils avaient été recouverts de pavé ou d'asphalte, l'Entrepreneur eût aussi été tenu de les balayer : ce n'est pas avec de telles subtilités que s'interprètent des contrats de bonne foi.

Il résulte de l'état n° 13, que l'indemnité qui nous est due pour le balayage supplémentaire de l'agrandissement des places publiques, s'élève à 22,532 fr. 78 c.

2° CARREFOURS.

L'agrandissement des carrefours tient, soit aux modifications apportées dans leur forme par un pavage nouveau, soit aux empiétements des inspecteurs de la salubrité, qui y comprennent maintenant des parties appartenant. d'après les ordonnances, au balayage des habitants.

Les carrefours de Reuilly et de Montreuil, par exemple, étaient autrefois et sont encore maintenant séparés par un espace de 9o mètres; cependant on les a réunis en nous obligeant à balayer l'intervalle, qui se trouve entre eux, aussi bien que des parties considérables qui s'étendent de tous côtés jusque dans les rues voisines. Ils forment une étendue trois fois plus grande que leur superficie réelle.

Nous réclamons pour l'agrandissement des carrefours suivant l'état n° 14, une indemnité de 5,234 fr. 3o cent.

3° BARRIÈRES.

L'agrandissement du balayage des barrières fait l'objet d'une de nos principales réclamations.

Avant l'Entreprise, et pendant ses premières années, le balayage des barrières se faisait depuis les dernières maisons de Paris jusqu'aux derniers arbres des boulevards extérieurs près des communes voisines, sur la largeur qui sépare les deux pavillons des octrois; mais une injonction en date du 1ᵉʳ Mars 1837, nous a contraints de l'étendre en dedans sur le chemin de ronde, en dehors sur tout l'espace du boulevard qui se trouve au devant et des pavillons d'octroi et des cours, et même des jardins qui en dépendent.

Les expressions du Cahier des charges; art. 1ᵉʳ, sont extrêmement claires et ne laissent aucun doute sur l'étendue que ce balayage doit avoir.

« Les *abords intérieurs*, comprenant la largeur des chemins de ronde « depuis les *barrières* jusqu'aux maisons voisines. »

« Les *abords extérieurs* comprenant *les traverses* des chaussées depuis « les *barrières* jusqu'aux derniers arbres des boulevards près des com- « munes voisines, » et l'on peut voir dans le tableau annexé, aux pages 22 et 29, que « les traverses doivent se faire *dans toute la largeur* des rues « aboutissantes. »

Cette expression D'ABORDS INTÉRIEURS ET EXTÉRIEURS des barrières est répétée, dans l'état du balayage, à *neuf* reprises différentes, c'est-à-dire toutes les fois qu'il faut indiquer les jours de travail.

Il s'agit donc d'établir *une communication*, depuis les dernières maisons de Paris jusqu'aux derniers arbres près des communes voisines, afin que les passants puissent *traverser* le boulevard de pied sec; dans ce but, le balayage exigé par le Cahier des charges, *seulement* au devant des *grilles des barrières* à l'intérieur et à l'extérieur est entièrement suffisant, et il ne serait nullement nécessaire sur les côtés des *pavillons* où sont logés les employés d'octroi.

Ces employés, comme tous autres habitants de Paris, sont tenus, par les ordonnances de police, de balayer devant toutes les faces de leurs demeures.

L'obligation, qui devait peser sur eux, nous a été imposée tardivement à l'aide de la confusion que l'Administration a faite des *barrières* avec les *pavillons*, *les cours et les jardins* qui sont occupés par les commis des barrières.

Nos charges sont définies par le Cahier des charges, et nous nous y tenons.

Ce balayage sur les boulevards extérieurs a d'ailleurs été excessivement onéreux, à cause des quantités énormes de boues, que nous étions obligés de faire enlever.

En raison de cet agrandissement nous avons droit à une indemnité de 5,900 fr. 40 cent. suivant le détail établi en l'état n° 15.

4° QUAIS.

L'agrandissement des quais donne lieu à deux questions également importantes:

Quelques-uns ont été considérablement élargis; ce sont tous ceux qui s'étendent depuis la place du Louvre jusqu'à la Grève; d'autres ont été pavés dans des endroits qui ne l'étaient pas : ce sont ceux de Billy, de la Conférence, de Montebello;

Et sur tous les quais, sans exception, la Préfecture de Police nous a contraints de balayer la largeur totale des chaussées, contrairement aux stipulations de l'art. 1er.

À l'égard des quais élargis, nous reproduisons les raisonnements que nous avons déjà faits plusieurs fois. L'Entrepreneur a-t-il été prévenu que des quais, étroits et dangereux, deviendraient de magnifiques chaussées où les piétons et les voitures trouveraient à la fois de larges espaces? Non, sans aucun doute. Et la Ville de Paris, qui a dépensé des sommes considérables pour obtenir l'avantage d'une circulation facile, peut-elle avoir l'intention de faire balayer gratuitement par l'Entrepreneur actuel l'espace qu'elle a conquis sur le lit du fleuve? Sa pensée peut-elle être d'épargner la faible dépense que coûte l'entretien de propreté, quand elle a volontairement alloué d'immenses capitaux pour la construction?

Une pareille économie, contraire à tout droit et à toute raison, ne se prolongerait toutefois pas au delà du bail actuel, car l'Entrepreneur futur devra nécessairement faire entrer dans ses devis, les frais qui résulteront de la largeur effective des quais.

La seconde question est encore plus importante que la première : les quais nommés dans l'état du balayage sont-ils dus dans toute leur largeur?

Il faut ici se reporter à l'art. 1er, qui dit : « Le balayage ordinaire à la « charge de la Ville comprend .... en général tous les « points que les ORDONNANCES n'ont pas mis à la charge des habitants. »

Or, les ordonnances de police concernant le balayage et la propreté publique, sans cesse renouvelées dans les mêmes termes, s'expriment toutes ainsi :

« Art. 1er. Les propriétaires ou locataires sont tenus de faire balayer « complétement, chaque jour, la voie publique au-devant de leurs mai- « sons, boutiques, cours, jardins et autres emplacements.

« Le balayage sera fait jusqu'aux ruisseaux dans les rues à chaussée « fendue.

« Dans les rues à chaussée bombée et *sur les quais*, le balayage sera « fait jusqu'au milieu de la chaussée. »

La moitié des quais, étant mise à la charge des habitants, n'est donc évidemment pas à la charge de la Ville, ni par suite à celle de l'Entrepreneur.

Autrefois le balayage public ne comprenait que la moitié des quais, et on le voit même textuellement dit dans le Cahier des charges, page 31, « pour le tour de l'île Saint-Louis, » qui signifie *les chaussées depuis le parapet jusqu'aux ruisseaux.*

Quand, en été, l'Administration nous demandait, par indemnité, l'arrosement des quais de la Mégisserie, de Gèvres et Pelletier, elle ne nous faisait répandre d'eau que sur une moitié des chaussées, celle que les habitants ne doivent pas arroser.

Nos obligations sont donc exactement définies, et si la Préfecture de Police a exigé que nous balayions ces quais dans toute leur largeur, c'est parce que notre travail est méthodique, régulier et tout-à-fait supérieur à celui des habitants. C'est donc là un balayage supplémentaire, prévu par l'art. 2, et pour lequel nous avons droit de réclamer, en 92,994 fr. 67 c., suivant l'état n° 16, l'indemnité qui nous est allouée.

5° RUISSEAUX.

Quelques-uns des ruisseaux, dont le balayage nous a été imposé dans le tableau annexé, sont devenus doubles par la transformation des chaussées fendues en chaussées bombées.

C'est encore ici une augmentation de charges, qui n'est pas prévue par le traité, et que nous ne pouvons supporter.

La Ville de Paris n'a adopté que postérieurement à 1831 le système des chaussées bombées, qui a doublé le nombre des ruisseaux; il en résulte un excès de travail qui donne lieu, suivant l'état n° 17, à une indemnité de 8,134 fr.

6° FONTAINES.

La fontaine Saint-Séverin était au coin de la rue, adossée contre une maison; la maison a été abattue, l'emplacement a été dallé, et sur cette aire la fontaine a été installée.

En plus d'une façade, annoncée à la page 33 du Cahier des charges, il faut maintenant balayer une étendue beaucoup plus considérable; l'augmentation de service est de 683 fr. 25 cent., suivant l'état n° 18.

§ 3. *Balayeurs requis, pour le service des neiges et glaces, au delà du nombre employé au service ordinaire.*

L'art. 7 du Cahier des charges porte, que « dans les temps de neiges et « glaces, l'Entrepreneur sera tenu d'employer, depuis sept heures du

« matin jusqu'à cinq heures du soir, sous la direction de l'Administra-
« tion, la totalité des ouvriers de son service *ordinaire* du balayage, à
» briser et relever les neiges et glaces, à les amonceler sur les différents
« points de la Ville, et à les jeter à la rivière, aux endroits qui lui seront
« désignés. »

Cet article se combine avec l'art. 19, qui impose les mêmes obligations
à l'Entrepreneur pour les voitures d'enlèvement, et avec l'art. 43 qui les
reproduit.

Mais une condition absolue de ces dispositions, c'est que l'Entrepreneur n'est tenu de livrer que les ouvriers, les chevaux et les voitures de
son service *ordinaire*, sans être jamais astreint à fournir un excédant : les
art. 7 et 19 sont très explicites à cet égard, et l'art. 43 est encore plus im-
pératif ; il porte : « Sans que jamais la présente clause puisse l'obliger à
« augmenter ses moyens d'exécution, sauf les cas précédemment déter-
« minés. »

L'Administration ne s'est pas conformée à cette stipulation. Voici le fait :
Les localités balayées par l'Entrepreneur ne l'étant pas toutes quoti-
diennement, il arrive que l'Administration, chargée de désigner le jour
du travail, accumule tant d'ouvrage sur un seul jour de la semaine, qu'il
faut alors expressément augmenter le nombre des ouvriers ; puis cette
quantité, employée exceptionnellement ce seul jour-là, est prise comme
l'expression de l'effectif réel, et requise pour être fournie pendant le
temps des neiges et glaces.

C'est à tort, car l'Entrepreneur se trouve ainsi obligé de mettre, *pendant six jours de la semaine*, sous la direction de la Préfecture de Police,
plus d'ouvriers qu'il n'en aurait lui-même occupé à l'exécution du balayage ordinaire à la charge de la Ville, tandis que l'art. 7 prévoit que les
besoins *du service des neiges et glaces peuvent excéder l'effectif employé par
l'Entrepreneur dans le service ordinaire*, et stipule que l'Administration
pourvoira comme elle le jugera convenable à cette augmentation.

La Préfecture de Police, méconnaissant l'art. 43, a donc fait peser sur
nous une charge qui devait être supportée par elle, et donne lieu à la
réclamation que nous faisons, suivant l'état n° 19, de 756 fr.

Ici vient se placer une réflexion, qui n'est pas sans importance.

A une époque l'Entreprise a été en prospérité ; elle a pu même pendant
longtemps supporter des dépenses qui excédaient sa subvention, et le
Conseil entendra dire que c'est le résultat de la manière incomplète
dont le service était exécuté.

Cette assertion n'a pas le moindre fondement ; les bénéfices éphémères de l'Entreprise, buand elle en a fait, ont toujours eu une source légitime ; ils ont été produits uniquement par l'application judicieuse d'une organisation économique. En voici un exemple que nous fournissent les balayeurs dont nous venons de parler.

Avant l'Entreprise, les tombereaux d'enlèvement arrivaient sur le service accompagnés par le charretier et un aide, qu'on appelle *retrousseur* : ce retrousseur se retirait avec le tombereau, et sa tâche était remplie ; c'était là l'usage immémorial.

Nous avons pensé que le retrousseur pouvait, pour le balayage qui commence à 3 et 4 heures du matin, être utilisé jusqu'à 7 heures ou 8 heures que les voitures arrivent sur les quartiers, et nous avons obtenu ainsi de chacun, chaque jour, une demi-journée de travail, qui est évaluée 5o centimes. Il faut calculer sur 32o voitures ; 32o retrousseurs, à 5o centimes, font 16o francs par jour, ou bien 58,4oo francs par année ; c'est donc une somme importante que nous avons épargnée, sans nuire à personne et en utilisant le temps de ces ouvriers, qui se trouvaient payés pour rester oisifs.

Cette innovation, parmi tant d'autres, est une économie dont la Ville de Paris profitera annuellement, et dont elle nous sera redevable.

§ 4. *Service de sablage exécuté pendant les neiges et glaces par des ouvriers et des voitures extraordinaires.*

L'art. 6 du Cahier des charges oblige l'Entrepreneur « à répandre, dans « les temps de gelées et de verglas, du sable en quantité suffisante, sur « les ponts et sur les parties montueuses des boulevards et des quais ; il « l'oblige à enlever ces sables à la première réquisition. »

Pour sanction de ces obligations, l'art. 46 impose « pour chaque par- « tie de la voie publique, sur laquelle il n'aurait pas été répandu, d'après « l'indication du Chef de service, une quantité suffisante de sable, une « retenue de 4o fr., qui peut même être élevée jusqu'à 1oo francs. »

Mais lorsque vient le temps des neiges et glaces, nous devons, comme nous venons de l'expliquer, mettre à la disposition de l'Administration la totalité de nos ouvriers, voitures et chevaux, pour qu'ils travaillent sous sa direction immédiate.

Quand nous sommes ainsi dépossédés de tout notre matériel, n'est-il pas évident que nous ne pouvons plus faire aucun service ni en balayage, ni en sablage ?

Le sablage ne constitue pas un service spécial ; il est compris dans l'art. 6, sous le titre du balayage, et ce n'est pas sans raison que cet article est ainsi placé ; car on emploie au sablage, pendant l'hiver, les ouvriers ordinaires du balayage qui, dans ces moments, devient nul et serait même dangereux, puisque, bien loin de dégager la voie publique des corps étrangers, on est contraint d'y répandre du sable ou des gravois pour assurer le pied des chevaux.

L'art. 43 renferme un principe dont on ne peut s'écarter : « L'Entrepreneur sera tenu de déférer aux injonctions de l'Administration, sans que « jamais la présente clause puisse l'obliger à augmenter ses moyens d'exé-« cution, sauf les cas précédemment déterminés, » c'est-à-dire les cas de travaux par indemnité.

L'augmentation des moyens d'exécution serait inévitable, s'il fallait à la fois mettre la totalité de nos balayeurs à la disposition de l'autorité, et exécuter en même temps un service de sablage par des ouvriers spéciaux, en dehors de ceux placés sous la direction de la Préfecture de Police.

Les articles 6 et 7, placés sous le même titre, se concilient parfaitement.

Dans les temps de *simples gelées et de verglas,* l'Entrepreneur, qui aura conservé tout son matériel, fera le service du sablage, conformément à l'art. 6.

Dans les temps d'un hiver plus rigoureux, *de neiges et glaces,* où l'Entrepreneur se trouve momentanément dépossédé de ses moyens d'exécution, le sablage sera exécuté par ses hommes, voitures et chevaux, placés sous les ordres de l'Autorité, qui en aura pris la direction.

Mais si le sablage doit être fait par des moyens extraordinaires, en dehors du service ordinaire, nous nous trouverons dans le cas prévu par l'art. 2, l'art. 7 et l'art. 43.

C'est là ce qui est arrivé, et ce qui nous donne droit à une indemnité ; nous en réclamons le montant en 13,393 fr., détaillés en l'état n° 20.

§ 5. *Balayages supplémentaires et extraordinaires exécutés par échange de jours ou de localités.*

Le Cahier des charges contient au titre des Dispositions générales, l'article 43 dont l'art. 2 est le corollaire, et qui est ainsi conçu :

Art. 43. « Toutes les fois que des circonstances extraordinaires ou im-« prévues l'exigeront, et notamment lors des travaux du déblaiement des « neiges et glaces, l'Entrepreneur sera tenu de déférer à toutes les injonc-« tions qui lui seront faites par l'Administration, dans le but de coordon-« ner la marche du service avec l'importance et les véritables besoins de « ces circonstances, sans que jamais la présente clause puisse l'obliger à

« *augmenter ses moyens d'exécution*, sauf les cas précédemment détermi-
« nés (les cas d'indemnité). »

Cet article trouve principalement son application toutes les fois qu'une
revue, qu'un anniversaire de Juillet, que la fête du Roi, que le mariage
d'un Prince, qu'une cérémonie quelconque doit réunir une grande partie
de la population sur des quais, des places, des boulevards, etc.

L'Administration, en vertu de l'art. 43, nous enjoint alors d'exécuter
le balayage et l'enlèvement, de manière à ce que ces services soient terminés à quatre heures du matin, et que l'arrosement, commencé immédiatement, puisse être fini à sept heures.

Jusque-là tout est régulier; mais la Préfecture de Police ne s'en est pas
tenue à *coordonner la marche du service avec les véritables besoins des
circonstances :* elle a commandé un service plus grand que celui qui devait être fait sur le quartier.

Ce sont bien là les balayages extraordinaires et supplémentaires, dont
parle l'art. 2, et pour lesquels il nous est dû indemnité : l'Administration, qui, à la vérité, l'avait payée dans le principe, l'a depuis refusée;
et voici comment elle a procédé :

Elle nous a imposé ces balayages *à titre d'échanges*, c'est-à-dire qu'elle
nous a prescrit de les exécuter le jour où les cérémonies les rendaient indispensables, au lieu du jour fixé par les itinéraires.

Nous n'avons jamais accepté ces échanges de balayages, dont le Cahier
des charges ne parle point, et qui nous ont été excessivement onéreux.

Le moindre changement dans le service se résout inévitablement en
une augmentation de dépenses. Que doit-ce être quand tous les services
se trouvent bouleversés par une désorganisation complète?

En vain dira-t-on que c'est la moindre des choses qu'une simple trans-
position de jours; cela peut être vraisemblable sur le papier, mais ce n'est
nullement vrai dans la réalité.

Les balayages extraordinaires se concentrent sur un petit nombre de
divisions, dont les ouvriers habituels seraient insuffisants : il faut donc
requérir ceux des autres quartiers; ce n'est, certes, pas gratuitement
qu'ils viennent travailler la nuit, extraordinairement, pour faire ensuite
le matin leur service ordinaire.

Les jours où nous aurions été dispensés du balayage, par suite d'é-
change, ne nous auraient procuré d'ailleurs aucune économie, parce que
nos ouvriers, ne se trouvant qu'un peu moins occupés, n'auraient pu
supporter de réduction sur leur salaire.

En outre, lorsqu'il aurait fallu balayer une localité négligée une fois, elle se serait trouvée, la fois suivante, plus chargée, et nous aurait exposés à des procès-verbaux.

Enfin, non-seulement nous faisions des frais pour le balayage, mais les dépenses de l'enlèvement et de l'arrosement, exécutés à heures insolites, se trouvaient nécessairement augmentées; la surveillance était également moins exacte et plus coûteuse.

Nous avons donc toujours satisfait à toutes les réquisitions de l'Administration, mais en exécutant ces balayages, comme balayages *extraordinaires prévus par l'art.* 2, et sans rien diminuer des balayages ordinaires sur les autres localités.

L'art. 43 dit expressément « que nous n'augmenterons jamais nos moyens d'exécution, » sauf les cas d'indemnité.

Or, il est mille fois évident que pour balayer à la fois sur la 14ᵉ division, les places du Carrousel, du Palais-Royal et Vendôme, les quais du Louvre, des Tuileries, qui se balaient, en été, chacun deux ou même une fois seulement par semaine, il faut augmenter les moyens d'exécution.

Si le Cahier des charges avait voulu imposer à l'Entrepreneur ces échanges de balayage, il pouvait le faire d'autant plus aisément que ce mode de faire exécuter le travail sur une localité différente, se trouve complétement appliquée dans l'art. 34, au chapitre de l'Arrosement : le moyen était connu ; c'est donc sciemment qu'on ne s'en est pas servi pour le balayage.

De l'état n° 21, il résulte que de ce chef nos réclamations s'élèvent à 7,928 fr. 31 c.

SECTION II.

ENLÈVEMENT DES BOUES ET IMMONDICES.

Le service d'enlèvement donne lieu aux réclamations suivantes :

1° Augmentation de voitures et de chevaux résultant du service extraordinaire d'enlèvement ;

2° Augmentation de voitures et de chevaux résultant du service ordinaire d'enlèvement, imposé dans les chemins de ronde et dans les rues non pavées;

3° Indemnité pour les voitures fournies pour le service des neiges et glaces au delà du maximum employé dans le service ordinaire d'enlèvement.

4° Indemnité pour le déblaiement des dépôts de neiges et glaces, exécuté au dégel au lieu de l'être à la suite des dégels.

§ 1. *Augmentation de voitures et chevaux, résultant du service extraordinaire d'enlèvement.*

Des quatre services du nettoiement, il y en a trois, le balayage, le curage des égouts et l'arrosement, qui sont absolument onéreux ; un seul, l'enlèvement, offre des produits capables de diminuer les dépenses. C'est là où nous devions obtenir les plus grandes économies, et c'est là que nous avons éprouvé les pertes les plus considérables.

Elles résultent entièrement des exigences de l'Administration, qui a voulu plus que les clauses du Cahier des charges, et qui nous a contraints d'augmenter démesurément le nombre de nos voitures d'enlèvement.

M. Labalte, qui, de 1818 à 1827, fournissait en moyenne 93 voitures à 3 chevaux, recevait une subvention annuelle de 404,000 francs.

De 1827 à 1831, la Préfecture de Police en employait 216, également à 3 chevaux, et dépensait par an environ 1,100,000 francs.

Notre subvention ne s'élevait qu'à 848,442 francs, et nous avons été obligés de mettre en mouvement jusqu'à 340 voitures à un cheval et à deux chevaux.(1).

Certes, au jour de l'Adjudication qui réduisait la dépense du Nettoiement de 1,100,000 francs à 848,442 francs, aucune indication ne donnait à penser que le nombre des voitures s'élèverait de plus de moitié par un mouvement inverse de celui de la subvention.

Cette augmentation résulte de plusieurs causes, dont, en 1831, aucune ne pouvait être prévue par l'Adjudicataire ; et elles ont fini, malgré nos incessantes réclamations, par nous accabler sous un fardeau tout-à-fait étranger à nos obligations.

Nous venons maintenant demander à la Ville de Paris le remboursement des dépenses que les exigences de la Préfecture de Police nous ont obligés d'effectuer, et l'importance de notre réclamation est si grande qu'elle justifiera complétement tous les développements dans lesquels nous allons entrer.

Le Cahier des charges, resté sans soumissionnaire, disait :

Art. 13. « L'enlèvement des boues et immondices devra commen-
« cer à 8 heures du matin, et être terminé à midi pendant les cinq mois

---

(1) Il nous était interdit d'atteler 3 chevaux ; mais 216 de nos voitures chargeaient des quantités aussi fortes que les 216 voitures de la Préfecture de Police.

« d'hiver. Il devra commencer à 7 heures du matin et être terminé
« à 11 heures pendant les autres mois. »

Puis, Art. 23. « Si cependant le service du déblaiement des neiges et
« glaces exigeait un effectif de plus de 350 *tombereaux à 2 chevaux*, avec
« leurs conducteurs et leurs aides, l'Administration pourvoirait à ses frais
« à l'augmentation du service. »

Ces deux clauses importantes ont été changées.

Suivant notre Cahier des charges, l'Entrepreneur ne fournit plus, en
temps de neiges et glaces (art. 19), que la totalité des moyens de transport
employés dans le *service ordinaire* de l'enlèvement. Le service *ordinaire*
d'enlèvement (art. 10) doit commencer *au plus tard* à 8 heures en hiver
et *au plus tard* à 7 heures en été, et la faculté est accordée (art. 11) d'occuper des voitures le soir, après 4 heures en hiver, et après 7 heures en été.

Ainsi, les temps de neiges et glaces ne devaient plus obliger l'Entrepreneur à augmenter le nombre de ses voitures; il n'était plus tenu d'exécuter à heure dite que le service *ordinaire*, et il pouvait en outre alléger
le service du matin par un service du soir.

Comme nous sommes obligés de le répéter au sujet de chaque réclamation, l'Administration, écartant le Cahier des charges, qui lui a valu un
Adjudicataire, a toujours gardé devant les yeux celui que la réprobation
générale avait repoussé, mais qui était l'œuvre de sa pensée, et, en en faisant revivre les dispositions, nous a occasionné les dommages les plus
considérables.

Le premier grief, que nous reprochons à l'Administration, repose sur
la violation de l'article 11 du Cahier des charges. On vient de voir que
cet article autorisait l'Entrepreneur à faire circuler, le soir, des voitures
d'enlèvement. Cette innovation, introduite pour la première fois dans
notre Cahier des charges, en formait une des conditions essentielles; car
elle avait le double avantage de donner les moyens de recueillir le chiffonnage général, et d'alléger le service d'enlèvement du matin, qui, il est
essentiel de le remarquer, était réduit de QUATRE heures à TROIS heures;
il en résultait encore, malgré cette réduction, la facilité de diminuer le
matériel des voitures, en permettant qu'elles pussent circuler deux fois
par jour. Comment, et pourquoi cet article a-t-il cessé d'être exécuté?

L'émeute des chiffonniers en a été la cause ou l'occasion; et voici ce
qui est arrivé. M. Jacob, ne pouvant plus poursuivre son service, l'avait
transmis à M. Savalète; mais, d'après l'article 48 du Cahier des charges,
cette substitution ne pouvait devenir définitive qu'avec l'agrément de l'Administration, et sa renonciation à l'article 11 en fut la condition. On exi-

gea, quand, deux mois auparavant, M. le Préfet de Police avait témoigné
à M. Savalète sa satisfaction de le voir remplacer M. Jacob, et qu'une tran-
saction avec ce dernier avait été la conséquence de cette admission ver-
bale, que le nouvel Entrepreneur écrivit, le 29 Mai 1832, pour bandon-
ner les droits qui lui étaient ouverts par cette disposition, jusqu'à ce que
l'Administration *eût reconnu qu'il pourrait les exercer sans danger pour
la tranquillité publique*. Cette lettre est remarquable par les prétextes in-
terprétatifs, qui furent dictés à M. Savalète, et par lui consignés dans son
texte.

Le second reproche que nous adressons à l'Administration, repose sur
la violation de l'article 10 du Cahier des charges, qui obligeait l'Entrepreneur à commencer le service, à 8 heures, *au plus tard*, en hiver, et à 7
heures, *au plus tard*, en été. L'interprétation évidente d'une pareille clause,
c'est que le service DEVAIT être commencé plus tôt que 8 heures, en hiver,
et 7 heures en été ; c'est que chacune de ces deux heures était une limite
extrême, qui, loin d'exclure, ORDONNAIT au contraire une anticipation, et
facilitait considérablement le service ; c'est que cette anticipation rentrait
autant dans l'esprit que dans le texte de cette stipulation, puisqu'il importe à
la circulation de Paris que le nettoiement commence de bonne heure
pour se terminer plus tôt. Cependant la renonciation à cette clause fut
encore une des conditions exigées par l'Administration, dans la lettre du
29 Mai 1832, et il fallut reconnaître que 7 ou 8 heures *au plus tard*,
voulait dire 7 ou 8 heures, *au plus tôt*.

Mais, du moins, les deux dérogations qui précèdent avaient-elles obtenu
de l'Autorité une légère compensation. On comprend que, lorsqu'on enle-
vait à l'Entrepreneur la double facilité d'exécution du soir et du matin, il
fallait la remplacer par une autre modification, sans laquelle l'Entrepreneur, qui n'avait pour l'exécution que TROIS heures au lieu de QUATRE, accordées par le premier cahier des charges, n'eût pas pu consentir, parce
que le service serait devenu matériellement impossible. Aussi, la même
lettre, du 29 Mai 1832, contient-elle la stipulation suivante :

« Par compensation à cette renonciation, de ma part, aux droits résul-
« tants pour moi des clauses ci-dessus indiquées (articles 10 et 11) dans les
« limites de l'interprétation que je leur reconnais, *de concert avec l'Ad-
« ministration*, il est convenu, M. le Préfet, que vous voulez bien m'accor-
« der, *et pendant tout le temps que je ne rentrerai pas dans le libre exer-
« cice de ces droits*, une heure de plus que le terme fixé par le Cahier
« des charges pour l'enlèvement des immondices, dans les quartiers situés
« entre les murs d'enceinte, et la ligne ci-après déterminée :

6.

1° Pour la rive droite, à partir de l'extrémité nord du pont de la Concorde, la place de ce nom, la rue Royale, et tous les boulevards jusqu'au pont d'Austerlitz.

2° Pour la rive gauche, depuis le pont d'Austerlitz, le quai Saint-Bernard jusqu'à la rue de Seine, cette rue, les rues Copeaux, Contrescarpe, de l'Estrapade, Fossés-Saint-Jacques, Sainte-Hyacinthe, des Francs-Bourgeois, Vaugirard jusqu'à la rue Férou, cette rue et la place Saint-Sulpice, la rue du Vieux-Colombier, la rue de Grenelle, la rue de Bourgogne et le pont de la Concorde.

Et plus loin, la même lettre constate l'espérance donnée à l'Entrepreneur que *l'extension pourrait s'appliquer ultérieurement à tous autres quartiers que l'autorité voudrait bien indiquer, comme pouvant y donner lieu sans inconvénients.*

On a déjà vu de quelle utilité avait été pour l'Entrepreneur cette heure, appelée *de tolérance;* comment il avait pu, à l'aide des embarcadères, que cette heure de supplément avait facilités, exciter l'intervention des cultivateurs voisins de la capitale et obtenir d'eux l'exécution de l'enlèvement des immondices en échange des engrais qu'ils pouvaient en retirer.

D'un autre côté, elle formait entre l'Autorité et l'Entrepreneur un véritable contrat de permutation qui ne pouvait s'anéantir qu'avec le consentement réciproque qui l'avait créé.

Si nous voulions parler enfin un autre langage que celui du droit rigoureux, si nous voulions interroger cet esprit de convenance et d'équité protectrice, qui doit toujours animer l'Administration, n'est-il pas évident qu'elle avait déjà largement usé, pour nous servir d'une expression modérée, de toute la puissance de sa situation, quand elle avait exigé la lettre du 29 Mai 1832, et une renonciation qui pouvait concourir, qui a fortement concouru à la ruine de l'Entrepreneur; qu'elle devait au moins atténuer, autant qu'il dépendait d'elle, le préjudice dont il était menacé.

Cependant trois ans s'étaient à peine écoulés, que M. le Préfet annonça à l'Entrepreneur, par une lettre du 13 Octobre 1835, que le Conseil Municipal avait *exprimé le désir formel de voir l'Administration rentrer dans l'exécution pleine et entière du Cahier des charges.*

« Je vous préviens en conséquence, dit M. le Préfet, que cette convention ne sera pas prorogée de nouveau, et je vous invite à terminer votre « service d'enlèvement, sur tous les points, aux heures fixées par votre « traité, à partir du 1er Novembre prochain. »

La délibération du Conseil Municipal n'autorisait pas M. le Préfet à en tirer toutes les conséquences qu'il en a déduites. En effet, l'Entrepreneur n'avait, par sa lettre du 29 Mai 1832, maintenu les effets de sa renonciation *que pendant tout le temps qu'il ne rentrerait pas dans le libre exercice des droits par lui abandonnés.* Il était libre à M. le Préfet, et au Conseil Municipal, dont la ratification était nécessaire, de ne pas accepter la renonciation avec la condition qu'elle renfermait; mais quand l'acceptation avait eu lieu, la condition était désormais indivisible de la renonciation, et si l'Autorité venait à supprimer la concession conditionnelle, il devenait certain que la renonciation de l'Entrepeneur tombait avec elle, et qu'il rentrait alors, suivant sa lettre, *dans le libre exercice de ses droits.*

Aussi bien le Conseil Municipal n'a-t-il pas demandé autre chose dans sa délibération, telle qu'elle est transmise par M. le Préfet, puisque le désir du Conseil Municipal se borne *à voir l'Administration rentrer dans l'exécution pleine et entière du Cahier des charges.* Or, l'exécution pleine et entière du Cahier des charges, c'est, d'une part, de supprimer l'heure supplémentaire qui ne s'y trouve pas; c'est, d'autre part, d'exécuter les articles 10 et 11 qui s'y trouvent, et auxquels l'Entrepreneur n'avait renoncé qu'en échange de l'heure supplémentaire, désormais supprimée.

Mais M. le Préfet n'a accueilli que la moitié de la proposition; il a exigé l'exécution de la partie nuisible à l'Entrepeneur, et n'a pas adopté la seconde partie qui lui était utile; il a retranché l'heure supplémentaire, et n'a rendu ni le service du soir, après 4 ou 7 heures, ni le service du matin, avant 7 ou 8 heures. Il n'a enfin pas exécuté ni pleinement, ni partiellement, le Cahier des charges, dont il a au contraire brisé les principales conditions, en conduisant l'Entrepreneur à une ruine inévitable.

Le troisième grief, dont nous avons à nous plaindre, prend sa source dans l'interprétation extensive que l'Administration a donnée à l'expression de *service ordinaire d'enlèvement*, pour y appliquer des pénalités rigoureuses et permanentes, en ne faisant jamais acception d'aucune des circonstances extraordinaires, dont les obstacles ont presque constamment entravé le service.

Dans le premier Cahier des charges, l'obligation d'enlever en quatre heures était générale et illimitée; par le second, elle a été circonscrite au service *ordinaire*, et l'art. 46 a été rédigé ainsi:

« Pour chaque portion de la voie publique d'une longueur de cent mètres « et au-dessous, où l'enlèvement n'aurait pas été fait aux *heures indiquées* « *en l'article* 10, la retenue sera de 15 à 30 francs. »

Les énormes retenues stipulées pour défaut, retard ou défectuosité d'enlèvement, ne sont donc applicables qu'au *service ordinaire*, parce que le *service ordinaire* seulement doit être fait aux heures indiquées en l'art. 10.

Cette *limite de temps* disparaît, et avec elle les retenues de l'art. 46, quand il n'y a plus de *service ordinaire*, c'est-à-dire dans des circonstances fort diverses et fort nombreuses, formant toutes des services *extraordinaires*.

Les différentes causes, qui, généralement dans tout Paris, pour quelques jours de l'année, ou spécialement dans quelques localités, pour un laps de temps plus ou moins long, ou fortuitement pour telle ou telle voiture, empêchent l'enlèvement ou l'augmentent d'une manière disproportionnée, ont pour effet de suspendre le *service ordinaire* et de rendre nécessaire, soit pour tout Paris, soit pour quelques localités, soit pour une seule voiture, un prolongement, la plupart du temps très minime, mais qui n'est plus susceptible d'être exactement mesuré.

Par exemple, quand les rues sont barrées par des travaux qui interceptent la circulation, et qui forcent nos voitures à de longs circuits;

Quand les recensements du personnel et du matériel, prescrits chaque mois par l'art. 42, empêchent les ouvriers de commencer le service aux heures ordinaires;

Quand des localités ne se trouvent plus dans un état normal, par suite de travaux d'embellissement qui en modifient la forme, comme sur le quai Saint-Bernard, lorsqu'on l'exhaussait de 3 ou 4 mètres, etc., ou par la proximité des parties de terre sur lesquelles les voitures circulent, comme l'emplacement de l'ancien hôtel de Longueville, etc.;

Quand, au mois d'Octobre, les habitants, devenus moins matineux, ne finissent leur balayage qu'après sept heures et empêchent nos voitures de commencer leur service;

Quand reviennent les jours de déménagements, vers les 8 et les 15 de chacun des mois de Janvier, d'Avril, de Juillet et d'Octobre, où, suivant un usage général, les habitants jettent sur la voie publique leurs literies en paille, si volumineuses à la fois et si difficiles à charger sur les voitures.

Mais surtout quand le voisinage de travaux de toute nature, soit bâtisses particulières, soit constructions d'égouts, soit posé de conduites de gaz ou d'eau, soit réparations de tuyaux, soit pavages en relevé de bout ou en recherche, etc., augmente momentanément les quantités à enlevr sur l'itinéraire de quelques voitures.

Toutes ces causes, qui se renouvellent si fréquemment dans Paris, constituent des exceptions au service *ordinaire*, de véritables services *extraordinaires*, et entraînent nécessairement quelque prolongation de service, mais surtout l'affranchissement des énormes retenues destinées à prévenir le moindre retard.

Cependant l'Administration n'a jamais admis d'autre service extraordinaire, que celui des neiges et glaces, malgré les termes de l'art. 43, qui dit : « Toutes les fois que des circonstances extraordinaires ou imprévues « l'exigeront, et *notamment* lors des travaux du déblaiement des neiges et « glaces, etc. : » cet article prouve bien qu'il y a d'autres circonstances extraordinaires que celles des neiges et glaces ; néanmoins l'Administration a toujours exigé que, malgré tous les obstacles, à l'exception cependant de l'hiver, c'est-à-dire alors qu'elle prenait la direction du service , l'enlèvement fût exactement terminé à 10 heures en été et à 11 heures en hiver.

Ces exigences ont été d'autant plus funestes à l'Entrepreneur, qu'elles se renouvelaient tous les jours, et qu'elles l'ont obligé à une augmentation de matériel, cause principale de sa ruine.

Enfin il est un quatrième grief, que nous avons à reprocher à l'Administration , et qui a eu pour résultat spécial d'aggraver tous les autres ; nous voulons parler de l'inexécution des ordonances de police.

L'article 18 du Cahier des charges est ainsi conçu : « L'Entrepreneur « est tenu d'enlever, dans le cours de son service, les mardi, jeudi et sa- « medi de chaque semaine, les terres, gravois, sables, décombres et mâ- « chefers abandonnés sur la voie publique, et de les conduire; à ses frais, « aux décharges publiques ou particulières, sauf son recours en dom- « mages-intérêts contre les auteurs de ces dépôts. » Cette obligation devait, dans l'esprit du traité, comprendre seulement quelques plâtras, quelques terres de pots à fleurs, quelques scories de charbon de terre, dont la faible importance ne mérite pas de déplacer une voiture, et dont les habitants se débarrassent en les jetant furtivement sur la voie publique.

Quelque minime qu'elle dût être, cette charge improductive paraissait encore assez pénible, avant qu'on pût soupçonner que, sous l'égide de l'Administration, elle allait prendre les plus énormes développements.

Ce n'est plus quelques légers fardeaux qu'il s'est agi, dans la réalité, d'enlever, ce sont des milliers de voies dans une seule rue : ce ne sont plus des infractions si légères, qu'il devenait plus simple de les réparer que de se détourner pour en connaître et en punir l'auteur; ce sont des désordres si considérables et si monstrueux, qu'ils feront époque dans l'histoire de la cité, et que ceux qui en auront été témoins n'en perdront plus la mémoire.

D'un côté, c'étaient les *voies de déblais abandonnés par les gravatiers*. Chacun d'eux rentrant le soir de leur travail, trouvait plus expéditif de jeter

son fardeau dans quelque localité écartée, que de le mener à la' décharge
habituelle; ces délits se renouvelaient tous les jours, malgré nos plaintes
les plus vives, sans la moindre contrainte et avec une impudence d'autant
plus grande que nous en faisions aussitôt disparaître les traces.

D'un autre côté, c'étaient *les déblais de fouilles de maisons particulières:*
continuellement, les terrassiers se servent de tombereaux dont les plan-
ches mal jointes, en outre qu'on y met plus qu'il n'y peut tenir, laissent
échapper à chaque pas une partie des terres; de sorte qu'aux abords
d'une nouvelle construction, le pavé est couvert d'une couche épaisse de
déblais, qui salit la voie publique à une grande distance.

Puis viennent les *déblais de fouilles pour égouts, pour conduites d'eau
et de gaz, pour réparations de tuyaux, pour pose de bornes-fontaines,etc.,*
dont les terres, qu'on ne se borne pas à répandre sur le pavé après l'extraction, qu'on rejette en monticules sur les tranchées, en laissant au
temps et à la circulation le soin de les comprimer, sont broyées, triturées
et promenées au loin dans la ville, par le mouvement des voitures; ces terres,
mouillées par la pluie ou soulevées par les vents, pénètrent dans les interstices des grès ou engendrent ces boues improductives salissant les rues,
et surchargeant les voitures : si du moins les travaux d'une localité s'exécutaient tous simultanément, le mal aurait des bornes; mais on fait des
dépavages, fouilles et répavages pour un égout, la même opération se
reproduit pour des conduites d'eau, on la recommence encore pour des
conduites de gaz; il y a telle rue qui, pour le gaz seul, a été bouleversée
trois fois consécutives.

A l'égard des *sables de pavage*, qui sont destinés à s'introduire dans les
interstices des pavés, et à leur donner de tous côtés un point d'appui indispensable à leur solidité, que les habitants relèvent précipitamment
en tas, quelquefois dès le lendemain, nous pensions devoir, comme *matières
improductives*, ne les enlever que trois fois par semaine: l'Administration, grâce à l'absence du document le plus essentiel, avait obtenu du
Conseil de Préfecture une décision contraire à notre demande, lorsque
subséquemment nous avons démontré que non-seulement nous avions
raison, mais que l'Entrepreneur du pavage était même rétribué spécialement à raison de 2 centimes par mètre carré, pour balayer et enlever
CES MÊMES SABLES; alors l'Administration, obligée, en Septembre 1838,
de se rendre enfin à nos arguments, a interdit aux habitants de les relever, en les menaçant, en cas de contravention, de les faire épandre à
leurs frais, après que nous avons eu, pendant cinq années entières, à
supporter toutes les désastreuses conséquences de son erreur. L'on se

— 49 —

rappelle la quantité incalculable de travaux de pavage exécutés durant
cette période, pour tant de motifs divers.

Cependant, tous ces incroyables désordres, que nous indiquons, pouvaient être facilement évités, si les ordonnances de police avaient été
observées par les habitants, et si l'Administration avait eu la volonté de
les faire respecter.

Ces ordonnances formaient la garantie de l'Entrepreneur; leur existence était inscrite dans le Cahier des charges, et c'est sur la foi de leur
protection que l'Entrepreneur avait contracté. Renouvelées chaque année
avec de légères modifications, sous les dates des 23 Novembre 1831, 25
Septembre 1832, 30 Mars 1833, 27 Mars 1834, 28 Octobre 1835, 29
Octobre 1836, 28 Mars et 28 Octobre 1837, 28 Mars et 29 Octobre 1838,
elles contiennent les dispositions les plus complètes sur le nettoiement
et la propreté de la voie publique. Voici les principales :

« 1° Les immondices ne seront pas déposées dans les rues, mais remises
« aux desservants des voitures du nettoiement (cette disposition essen-
« tielle nous assurait la propriété de tous les débris qui constituent le
« chiffonnage; le Conseil se rappelle ce qui en est arrivé);

« 2° En cas de déchargement de marchandises, l'emplacement doit
« être nettoyé, et, à défaut, il y sera pourvu d'office;

« 3° Les morceaux de verre, de poterie, de faïence, doivent être portés
« directement aux voitures;

« 4° Les marchands ambulants ne pourront jeter aucuns débris sur la
« voie publique;

« 5° Les Entrepreneurs de constructions publiques et particulières de-
« vront tenir la voie publique en état constant de propreté, aux abords
« de leurs chantiers, et en cas d'inexécution, il y sera pourvu d'office;

« 6° Ceux qui transporteront des terres, sables, gravois, fumiers,
« litières, etc., etc., devront charger leurs voitures de manière que rien
« ne s'en échappe et ne puisse se répandre. Le nettoiement des rues ou
« parties de rues salies par les voitures en surcharge, sera opéré d'office
« et aux frais des contrevenants. »

Une autre ordonnance, en date du 27 Mai 1837, est relative aux travaux exécutés sur la voie publique et dans les propriétés qui en sont rive-
raines; ils ont pris de si grands développements, qu'ils ont dû devenir
l'objet de dispositions spéciales.

Ainsi, l'article 8 prescrit « que les terres provenant des fouilles, seront
« retenues avec des plats-bords solidement fixés, de manière qu'elles ne

7

« puissent se répandre ni sur les trottoirs, ni sur le pavé réservé pour la
« circulation des voitures, et que l'écoulement des eaux soit toujours
« libre. »

L'article 25 « oblige l'entrepreneur de maçonnerie à maintenir la pro-
« preté de la voie publique dans toute l'étendue de la façade en réparation
« ou en construction. »

L'article 26 ordonne « qu'il sera provisoirement pourvu d'office, et
« aux frais de qui il appartiendra, à l'exécution desdites dispositions. »

Si donc, l'Administration y avait tenu la main, si elle l'avait voulu,
ces désordres n'auraient pas eu lieu ; les uns n'auraient pas obstrué les
rues de voies entières de gravois ; les autres se seraient servis de voitures
closes, et n'auraient pas répandu sur le pavé la moitié de leur charge ; à
chaque fouille, les terres auraient été contenues par des plats-bords qui
devraient même être solidement fixés, et jamais personne n'en a employé
un seul ; les entrepreneurs de maçonnerie auraient exécuté, autour de
leurs travaux, ce nettoiement extraordinaire qui est exigé, tandis que les
abords de chaque construction ont toujours été d'épouvantables cloaques.

Si l'on nous donne comme preuves de la vigilance de l'Administration
les nombreux procès-verbaux dressés contre les auteurs de ces délits,
nous répondrons que ce ne sont que des preuves incontestables de l'exactitude de nos assertions, et nous demanderons, lorsque sur cent fautes,
sur mille fautes peut-être, une seule constatation a été faite, quel en a
été le résultat ? Bizarre combinaison ! Un délit est commis sur la voie
publique, l'Entrepreneur du nettoiement est obligé de le réparer, en vertu
de la stipulation, qui lui assure en même temps un recours contre l'auteur du délit ; celui-ci est connu, il est même puni, non pas au profit de l'Entrepreneur qui se trouve seul lésé, mais bien au profit de
la Ville qui, de cette manière, bénéficie doublement, et par l'amende
qu'elle perçoit, et par l'augmentation de voitures que l'Entrepreneur est
obligé d'employer ; et en conséquence, au lieu de nous accorder la protection qui nous était acquise par les ordonnances, l'Administration nous
a laissé accabler par une excessive aggravation de dépenses.

Tous ces abus, qui, dans des temps ordinaires, auraient déjà été extrêmement onéreux, sont, pendant les sept dernières années qui forment
pour Paris une véritable *époque transitoire*, devenus tellement énormes,
que, pour s'en former une idée approximative, il faut reporter son attention sur les prodigieux travaux qui se sont accomplis dans cette période.

Il faut penser à des immenses égouts qui ont créé dans toute la ville
un second sol souterrain ; il faut penser à des milliers de bornes-fontaines

et aux tuyaux qui leur amènent l'eau ; aux conduites de gaz qui portent dans toutes les directions des flots de lumière ; au système de pavage totalement changé, qui, dans tout Paris, modifiant la forme des chaussées, a ôté les grés du sol où ils étaient solidement placés, pour les mettre sur un sol nouveau et mouvant ; il faut penser à cette incroyable longueur de trottoirs qui se sont étendus dans la plus grande partie des rues, et qui ont été modifiés à plusieurs reprises ; il faut penser encore à ces quais élargis, nivelés ou construits ; à tous ces édifices publics qui ont été terminés, et il faut surtout penser à ce nombre infini de maisons particulières élevées de toutes parts avec une activité de production qui tient de l'enchantement ; existe-t-il enfin une seule partie de la ville qui n'ait éprouvé les bienfaits d'une amélioration sensible, d'un assainissement depuis longtemps désiré, et d'un embellissement qui manquait aux beautés de la capitale ? Ne voit-on pas à chaque pas s'ouvrir une rue nouvelle, un pont, un quai, un carrefour, des quartiers tout entiers qui sortent des décombres, s'aèrent et sourient à un avenir de salubrité qui n'existait pas en 1831 ? Le Paris de 1831, celui de l'Adjudicataire, n'est-il pas devenu, par des travaux gigantesques, le Paris incomparable de 1838 ?

Et il n'y a pas un seul de ces travaux gigantesques qui ne se soit exécuté aux dépens de l'Entrepreneur du Nettoiement, en mettant à sa charge des quantités inouïes de voies de gravois, de sable, de terres inertes et fâcheuses : bien plus, toutes ces voies de déblais ont été enlevées dans *le délai de* 3 *heures, dans le cours du service ordinaire,* quand elles constituaient si évidemment un service *extraordinaire.*

Lorsque les charges de l'enlèvement ont été tellement augmentées par le fait de l'Administration, n'est-il pas inutile de détailler toutes les mesures qu'elle a prises pour priver l'Entrepreneur de ces facilités, qu'une industrie active s'ingénie à découvrir, et qui, sans être nominativement accordées par un Cahier des charges qui ne les a point connues, ne sont interdites cependant par aucune de ses stipulations ?

Toutes les rigueurs abusives auxquelles l'Administration s'est livrée, ont d'ailleurs un *motif hautement avoué ;* c'est en contraignant l'Entrepreneur à augmenter ses moyens d'exécution, d'obtenir pour la Ville la disposition gratuite, pendant les neiges et glaces, d'un plus grand nombre de chevaux et de voitures.

Dans le premier Cahier des charges, ce nombre était fixé à 350 voitures et 700 chevaux ; le second Cahier, rédigé dans des intentions plus favorables à l'Entrepreneur, stipule qu'il lui sera seulement demandé les quantités employées par lui *au service* ORDINAIRE *de l'enlèvement.*

7.

Mais toutes ces prévisions ont été déçues; et de la condition nouvelle qui devait être un allégement pour l'Entrepreneur, l'Administration est parvenue à faire l'aggravation la plus lourde; elle est parvenue à dépasser même la quantité si exorbitante de 350 voitures, et à requérir pour l'hiver JUSQU'À 370 VOITURES, en dilatant à la fois nos obligations dans tous les sens, et en nous enlevant en même temps toutes espèces de facilités pour les remplir.

C'est ainsi qu'elle a souffert tant de désordres sur la voie publique, qu'elle a laissé les terrassiers et les gravatiers commettre des délits si multipliés, qu'elle a vu, sans s'y opposer, les tranchées dans les rues recouvertes de couches épaisses de terre, qu'elle a permis, en un mot, que les ordonnances de police fussent ouvertement méconnues par les habitants et les constructeurs; c'est ainsi qu'elle n'a fait aucune acception de toutes les circonstances *extraordinaires*, et qu'elle a resserré notre service *tout entier* dans le cercle étroit des heures de l'enlèvement *ordinaire*; c'est ainsi qu'elle nous a privés du *service du soir*, qu'elle nous a ôté la faculté d'anticiper sur le service du matin, qu'elle nous a enlevé l'*heure de tolérance* qui avait été accordée en compensation, et qu'elle nous a entravés de toutes les manières imaginables.

Elle s'encourageait, d'ailleurs, dans ses prétentions par l'idée qu'elle propageait sur l'importance des bénéfices de notre Entreprise.

En conséquence, voyant que les cultivateurs desservaient des voitures d'enlèvement pour une faible rétribution (1), on a fort légèrement conclu de cette combinaison qu'une forte partie de la subvention devait devenir notre bénéfice, et l'on est tombé dans une grave erreur, parce qu'on ne faisait pas état des énormes dépenses que nous avons eu à supporter, telles que les frais de la gestion de M. Jacob, 65,540 fr. 7 cent., le prix de sa cession, 270,000 fr., les résultats des bris des tombereaux 81,897 fr. 14 cent., les frais de l'embarcardère, 151,970 fr. 78 cent., le coût des mutations, des mécomptes sans nombre, cortége inséparable de toute entreprise nouvelle, enfin les retenues qui seules s'élèvent à 238,079 fr. 49 cent.

Pour ôter à l'Administration tout prétexte résultant de bénéfices, qui, du reste, eussent été des plus légitimes, nous avons cru devoir faire par-

---

(1) Il est à remarquer que si nous avons pu faire des économies, elles ont été opérées sur le prix des voitures, et non pas sur le nombre, qui a été plus considérable que jamais; le service de la Ville n'a donc pas été négligé.

venir dans ses mains, par une personne hautement placée, un extrait de notre comptabilité, en lui proposant la communication entière de nos livres pour qu'elle pût se convaincre, si elle pouvait toutefois en douter, qu'il nous était impossible de suffire plus longtemps à l'excès des dépenses sur les recettes.

Cette offre n'a pas été acceptée; nous l'avons vivement regretté, parce que l'examen de la position de l'Entreprise aurait nécessairement mis un terme à la lutte qui existait depuis longtemps.

D'un côté, l'Entrepreneur s'était, dès le principe, étudié à combiner avec le travail du Nettoiement les divers travaux auxquels sont employés les chevaux de Paris et de la banlieue, il avait cherché à tirer le meilleur parti des ressources dont l'exploitation lui était livrée; il s'était efforcé d'établir parmi ses ouvriers une discipline sévère et une responsabilité qui assuraient l'exacte exécution du service; il tentait, en un mot, tous les moyens de faire bien et à bon marché.

De l'autre côté, l'Administration restait constamment hostile à toute innovation, elle apportait toutes espèces de gênes à toutes les améliorations projetées; elle portait l'insubordination parmi les ouvriers, en les punissant de leur obéissance aux ordres de leur Chef, et torturant les expressions du Cahier des charges, rétablissant même des clauses expressément effacées, retenait le Nettoiement dans les voies si coûteuses de la routine.

Et c'est pour atteindre ce triste résultat de se servir gratuitement de ces voitures pendant *quelques jours*, que l'Administration s'est faite ainsi l'adversaire incessant de l'Entrepreneur.

Cet Entrepreneur avait les droits les plus incontestables même à sa protection la plus bienveillante, car n'est-il pas vrai que dans ses tentatives il représentait l'intérêt positif de la Ville de Paris, que ses succès, après neuf ans, devenaient ceux de la Ville; que les économies qu'il obtenait par ses combinaisons les plus hardies et les plus coûteuses, ne pouvaient être préjudiciables qu'à lui seul, et profitaient, en cas de réussite, à la Ville par le rabais qu'elles entraînaient infailliblement sur la subvention d'un nouveau bail.

Ces considérations, sans cesse soumises à l'Administration, n'ont pu changer la détermination prise par elle, d'obliger l'Entrepreneur à *entretenir inutilement*, PENDANT L'ANNÉE TOUT ENTIÈRE, les voitures, dont elle *n'avait l'occasion de se servir que pendant* UN TRÈS PETIT NOMBRE DE JOURS.

Le résultat inévitable de ces exigences, qui lui avait été prédit plus de six mois à l'avance, est arrivé, et l'Entrepreneur du Nettoiement a été ruiné.

Ainsi un Entrepreneur qui, bien que privé, dès son début, de sa plus importante ressource, avait cependant, malgré des obstacles inattendus, fait d'immenses progrès dans une carrière toute nouvelle, un Entrepreneur qui réunissait tous les éléments d'une véritable réussite, qui avait personnellement les connaissances spéciales, qui disposait de capitaux si puissants dans une opération de ce genre, dont la gestion a été extrêmement heureuse, qui n'a point éprouvé d'incendie ni d'épizootie, ni de chertés dans les fourrages, ni même de rigueurs dans les hivers; qui n'a eu pour ainsi dire que des chances favorables; qui a eu, en un mot, tout pour lui hors la protection de l'Administration; qui n'a rien eu contre lui hors l'hostilité de l'Administration, cet Entrepreneur a été ruiné, et avec lui ceux qui avaient eu foi dans son Entreprise.

Cette ruine aura pour conséquence inévitable et prochaine d'apporter un notable renchérissement dans l'exécution d'un service important, et la Ville de Paris supportera une lourde perte en compensation de l'économie des *quelques voitures* que la Préfecture de Police lui a procurées à nos dépens, au lieu de les louer, comme l'art. 19 l'annonçait *expressément*.

Nous comprenons qu'il serait difficile de préciser et de prouver tout le préjudice résultant de l'absence des bénéfices légitimes dont l'Administration nous a frustrés par les modifications arbitraires qu'elle a faites au Cahier des charges; et notre demande se trouve réduite au remboursement de l'excès des dépenses causées par l'accroissement de voitures, qui ont exécuté, dans un intervalle de temps très restreint, un travail réellement à la charge des habitants.

Toutefois, comme nous sommes obligés, par l'art. 8, d'opérer le service de l'enlèvement dans les *rues à ouvrir*, et que chaque année en a vu ouvrir plusieurs, nous avons évalué cet accroissement annuel à 2 voitures à 2 chevaux et 2 voitures à 1 cheval, soit 4 voitures et 6 chevaux, et nous l'avons successivement ajouté aux quantités employées originairement.

A ce nombre total, nous avons, pour chaque année, comparé le nombre réellement employé, et la différence forme l'élément de notre réclamation, s'élevant, suivant l'état n° 22, à 449,674 fr. 50 c., dont il plaira au Conseil ordonner le paiement.

§ 2. *Augmentation de voitures et de chevaux résultant du service ordinaire d'enlèvement, imposé dans les rues non pavées et dans les chemins de ronde.*

L'art. 8 dit que « L'Entrepreneur opérera chaque jour l'enlèvement des

« boues, immondices, pailles, herbages et résidus quelconques, dans
« toutes les rues actuellement existantes, et dans celles qui pourraient
« être ouvertes pendant la durée du bail, *dans les chaussées des rues et*
« *des boulevards*... »

En obligeant l'Entrepreneur à faire l'enlèvement *dans les chaussées
des rues et des boulevards*, le Cahier des charges l'a positivement exempté
de l'opérer dans les rues non pavées, dans les chemins de ronde et hors
des parties pavées des boulevards.

Cette interprétation résulte de la nature des choses. Comment un Entrepreneur pourrait-il s'engager à faire l'enlèvement des immondices,
éparses le long de rues dans lesquelles, par les temps pluvieux, les voitures ne pourraient passer, ou bien déposées au pied des maisons des
boulevards, à une grande distance de la chaussée?

Il y a une règle dont on ne peut s'écarter, et à laquelle notre Traité
est resté fidèle; il faut que la voiture s'approche des objets qui doivent y être chargés; et en effet, on ne peut concevoir qu'un charretier, abandonnant son cheval, traverse, par exemple, sur le boulevard
du Midi, un accotement fangeux et une contre-allée, pour chercher sur
sa pelle tout ce qu'un habitant aura jeté devant sa porte, peut-être la moitié de la contenance d'une voiture. Tout cela est complétement impraticable, et n'est pas non plus exigé.

C'est aux habitants à porter leurs immondices sur *la chaussée*, que la
voiture ne peut pas quitter sans tomber dans des fondrières; à les *débar-
der* des rues non pavées, jusqu'au coin de celles que la voiture peut parcourir en sûreté.

Nous faisons observer à ce sujet que les habitants sont tenus, par les
règlements municipaux, de faire les frais du premier pavage devant leurs
maisons, et que, jusqu'à ce qu'ils aient satisfait à cette obligation, ils
n'ont droit ni au bénéfice de l'éclairage public, ni au bénéfice du nettoiement public.

Bien plus, l'art. 37 de l'ordonnance du 8 Août 1829, enjoint « à tous
« propriétaires de maisons et terrains, situés le long des rues ou portions
« de rues non pavées, de faire combler, chacun au droit de soi, les
« excavations, enfoncements et ornières, *d'enlever les dépôts de fumier,*
« *gravois, ordures et immondices*, et de faire, en un mot, toutes les dispo-
« sitions convenables pour que la liberté, la sûreté de la circulation et la
« SALUBRITÉ ne soient point compromises. »

Comme le Cahier des charges du Nettoiement n'est, dans toutes ses parties que l'appendice des Ordonnances de police, et ne fait jamais ex-

ception à leurs dispositions, l'art. 8 exige l'enlèvement dans *les chaussées des rues et boulevards*, à l'exclusion des voies de circulation où il n'y a pas de chaussées, et des portions de la voie publique non pavées.

Les chemins de ronde ne sont, en très majeure partie, nullement pavés; ils renferment uniquement les habitations de quelques jardiniers, qui ne jettent sur la voie publique, qu'à certaines époques, d'énormes quantités de fanes de potirons, citrouilles et autres légumes.

Cette fois, il ne s'agit plus d'une prolongation accidentelle de service, mais d'un service qui n'est absolument pas à la charge de l'Entrepreneur.

La prétention de l'Administration de nous faire exécuter sur les localités non pavées un service ordinaire limité dans les trois heures, date seulement du mois de Juillet 1838, où les rigueurs contre notre Entreprise ont pris un développement inouï.

Nos réclamations n'ayant pas été admises, nous avons dû mettre en mouvement pour satisfaire à cette exigence inattendue 20 voitures nouvelles, dont la dépense, jusqu'au 6 Janvier 1839, s'élève, suivant l'état n° 23, à 35,625 francs, dont nous demandons le payement.

§ 3. *Indemnité pour les voitures fournies pour le service des neiges et glaces, au delà du maximum employé dans le service ordinaire d'enlèvement,*

Nous avons déjà rappelé au Conseil les stipulations du Cahier des charges pour l'enlèvement des neiges et glaces.

L'art. 19, après avoir obligé l'Entrepreneur à tenir à la disposition l'Administration la totalité de ses moyens de transport, se termine par le paragraphe suivant :

« Cependant, si le service des neiges et glaces exigeait temporairement
« un nombre de chevaux attelés supérieur au maximum de ceux em-
« ployés par l'Entrepreneur dans le service *ordinaire* d'enlèvement,
« l'Administration pourvoirait à ses frais et par les moyens, agents et
« ouvriers qu'elle jugerait convenable d'employer à l'augmentation du
« service. »

Dans le cahier des charges resté sans soumissionnaire, il était demandé à l'Entrepreneur, pour l'enlèvement des neiges et glaces, 700 chevaux et 350 voitures. Cette clause exorbitante exprimait la véritable pensée de l'Administration.

En s'assurant ainsi une grande quantité de voitures, elle voulait déverser sur l'Entrepreneur, à la décharge de la Ville, une forte partie de l'éventualité du service des neiges et glaces.

La modification apportée par notre traité, qui, à une quantité stipulée d'avance, a substitué le nombre employé *ordinairement*, a détruit de fond en comble ce système.

Malheureusement, le principe en est resté dans l'esprit de l'Administration, qui s'est constamment efforcée d'atteindre le même but par une voie détournée.

Elle s'est appliquée, comme nous l'avons dit précédemment, à donner une extension immense à ce service *ordinaire*, en y comprenant tout ce qui aurait dû y faire exception, et en supprimant tous les moyens de réduction qui auraient pu profiter à l'Entrepreneur.

Et, non contente d'avoir, par une foule d'adjonctions, rendu le service *ordinaire* tout autre qu'il ne devait être, elle a encore pris dans toute l'année le jour qui facilitait le plus ses vues, c'est-à-dire le jour où le service était le plus *extraordinaire*.

Ceci exige des explications.

Dans l'article 42 sont indiqués « les moyens de *déterminer* le maxi-
« mum des voitures à fournir par l'Entrepreneur; ce sont, d'une part,
« les recensements mensuels, et de l'autre, les renseignements pris par
« l'Administration. »

Disons d'abord un mot de l'expression *déterminer :* elle indique que le cahier des charges n'a pas voulu que l'Administration constatât simplement le nombre d'hommes et de chevaux employés par l'Entrepreneur un jour ou l'autre de l'année, mais qu'elle déterminât ces quantités en examinant les motifs de l'augmentation et de la diminution, en délibérant sur leur réalité, en appréciant en un mot toutes les circonstances qui peuvent influer sur la fixation de ces chiffres, parce qu'on ne détermine que ce qui est *indécis et douteux*, et qu'il n'y aurait lieu ni à doute ni à indécision, s'il ne s'agissait que de choisir entre tous les jours de l'année celui où l'Entrepreneur aurait employé le plus grand nombre de chevaux.

Ensuite nous ferons observer que les recensements mensuels et les renseignements que l'Administration peut prendre, ne servent réellement qu'à contrôler l'exactitude des « itinéraires et répartitions de service, que
« l'Entrepreneur est tenu, le premier de chaque mois, de faire connaître à
« M. le Préfet de police. »

Il faut savoir que le service d'enlèvement devant être fait chaque jour dans Paris tout entier, toutes les rues, toutes les places, toutes les parties enfin de la voie publique, qui doivent être nettoyées, sont partagées entre le nombre de voitures que l'Entrepreneur emploie, de manière à ce que toutes aient leur itinéraire, dont la réunion forme la totalité du service *ordinaire*.

Ce service ordinaire n'est, du reste, pas immuable; il est, au contraire, susceptible d'assez grandes variations, parce que, d'année en année, des rues nouvelles sont ouvertes; parce que les saisons apportent des changements dans les divers quartiers, dont quelques-uns se dépeuplent en été; malgré ces variations, le service ordinaire n'en reste pas moins journellement composé des voitures qui ont toutes leur tâche assignée.

C'est entre ces quantités variables que le maximum doit être *déterminé;* mais il faut rejeter du nombre des voitures ordinaires, et placer dans celui des supplémentaires les voitures qui, sur chaque division, sont requises pour diverses causes, savoir:

1° Pour l'enlèvement du produit du balayage des ateliers extraordinaires de l'Administration (1);

2° Pour l'enlèvement accidentel imposé trois fois par semaine, par l'article 18, sauf recours en dommages et intérêts contre les délinquants.

3° Principalement pour l'enlèvement extraordinaire de quelques jours de l'année, ou sur quelques points de Paris, comme le jour des déménagemens ou aux approches des grands travaux de construction.

Aux nécessités imprévues de ces époques, l'Entrepreneur ne peut suffire qu'en mettant sur pied une cavalerie toute spéciale, prise soit dans des écuries étrangères, soit dans ses propres infirmeries; et il a fallu quelquefois jusqu'à 20 voitures et 50 chevaux de renfort pour parvenir, contrairement à la clause expresse de l'art. 10, à satisfaire aux injonctions de

---

(1) L'Administration a employé jusqu'à 180 ouvriers par jour à des balayages extraordinaires; ces travaux, qui se prolongeaient toute la journée, ont duré des années entières, et nous avons été obligés d'enlever le produit de ces balayages sans aucune rétribution.

Cependant l'enlèvement n'est que le complément nécessaire du balayage; l'art. 2 dit que « si les circonstances nécessitent un balayage extraordinaire, l'Entrepreneur le fera « moyennant indemnité. » Si ce balayage nous avait été demandé, l'indemnité, qui nous eût été allouée, aurait nécessairement compris les frais d'enlèvement, car on ne peut concevoir, puisque l'enlèvement est subordonné au balayage, que le balayage soit démesurément augmenté au delà des indications du traité, sans que cette modification essentielle au Cahier des charges ne soit compensée par une indemnité.

Nous n'avons partout à signaler que les infractions faites au contrat par l'Administration.

l'Administration, et à exécuter ces services *extraordinaires*, dans la limite des heures fixées pour le service *ordinaire*.

Nous avons déjà discuté la légalité de cette exigence, et la difficulté subsidiaire, que nous avons à examiner ici, est de savoir si l'Entrepreneur, qui serait tenu partout et en toutes saisons, quoi qu'il arrive, de terminer le service de l'enlèvement en 3 heures, serait en outre assujetti à représenter pour les neiges et glaces les chevaux employés ainsi accidentellement.

L'art. 43 est une barrière qui doit être respectée; c'est dans cet article qu'est pris le principe, dont l'art. 19 ne contient que le corollaire.

Il dit expressément « notamment lors des travaux de déblaiement des « neiges et glaces, l'Entrepreneur devra déférer aux injonctions de l'Ad- « ministration sans *que jamais la présente clause puisse l'obliger à aug- « menter ses moyens d'exécution*, sauf les cas précédemment déterminés, » c'est-à-dire, les cas des travaux par indemnité.

Ici l'on stipule généralement que l'Entrepreneur ne sera jamais tenu, pour les neiges et glaces, d'*augmenter ses moyens d'exécution* ; là, dans l'art. 19, qui traite plus explicitement du même service, l'on dit que l'Administration pourvoira à l'augmentation du service, *à ses frais et par les moyens, agents et ouvriers qu'elle jugera convenable d'employer.*

Il est donc de la plus grande évidence que le Cahier des charges a seulement voulu que, dans des circonstances graves et difficiles, la disposition de tous les moyens habituels d'exécution fut remise entre les mains de M. le Préfet de Police, afin que ce Magistrat pût les employer comme les nécessités du moment l'exigeraient, sans avoir à craindre de résistance ni même d'hésitation de la part de l'Entrepreneur.

Supposons un moment qu'au lieu d'être morale, cette remise fût matérielle, et qu'au lieu d'amener ses chevaux à des rendez-vous, l'Entrepreneur déposât entre les mains de l'Administration les clefs de ses écuries, qu'arriverait-il ?

On trouverait dans ces écuries le nombre exact des chevaux que l'Entrepreneur emploie dans le plus grand des services extraordinaires, mais les uns seraient boiteux, les autres malades, la dixième partie serait destinée à des relais.

Si l'on voulait ensuite méconnaître toutes les leçons de l'expérience, et faire travailler les chevaux tous à la fois, sur un pavé glissant, du matin au soir pendant 42 jours comme en 1838, pendant 4 mois que peuvent durer les services de neiges et glaces dans ce climat, la ruine totale de toute l'écurie prouverait, avant la fin de l'hiver, la folie d'une pareille tentative.

Le Cahier des charges ne demande rien de pareil : il ne veut pas que

8.

l'Entrepreneur fasse travailler tous ses chevaux tous les jours d'un hiver, parce qu'ils ont travaillé à la fois un seul jour dans l'année; il veut seulement, pour le déblaiement des neiges et glaces, l'emploi du nombre de chevaux et de voitures employés au service *ordinaire* de l'enlèvement : il ne lui demande pas de les augmenter par un travail déjà onéreux à raison de la privation de la boue qui forme un partie essentielle du salaire, il exige seulement que les quantités employées au service *ordinaire* ne soient pas diminuées.

Nous avons entre les mains plusieurs pièces émanées de l'Administration, où, en communiquant ses ordres, elle nous écrit : « Le temps est in-« certain ; si dans la nuit il vient à neiger, vous êtes averti de fournir vos « moyens *ordinaires* d'exécution, sauf à vous demander pour le lende-« main *la totalité de la réquisition.* »

La distinction que fait ici l'Administration entre les *moyens ordinaires d'exécution et la totalité de la réquisition* résume exactement la difficulté; mais au lieu de s'y conformer, elle s'est créé un système différent, et s'est jetée dans une carrière sans bornes de mesures arbitraires, de violations des clauses du traité, et d'injustices criantes, pour obtenir les moyens d'exécuter le déblaiement des neiges et glaces aux frais de l'Entrepreneur, sans que cette dépense, qui devait être considérable, retombât, en forte partie, à la charge de la Ville.

Mais que faudra-t-il penser du tort éprouvé par notre Entreprise, si nous établissons que ces abus de pouvoir n'étaient rien moins que nécessaires, dès que l'Administration eût eu la force ou la volonté de faire observer les réglemens de police ?

Il y a des ordonnances, relatives aux précautions à prendre pendant l'hiver, qui sont renouvelées chaque année, au commencement de la saison rigoureuse. Elles défendent aux habitants « de déposer dans « les rues aucunes neiges et glaces, provenant des cours ou de l'intérieur « des habitations, et aux propriétaires de bains, aux teinturiers, aux « blanchisseurs, à ceux qui emploient beaucoup d'eau, de laisser pendant « les gelées couler sur la voie publique les eaux de leurs établissements, « et en cas de contravention veulent qu'il y soit pourvu d'office et à leurs « frais. »

Ces ordonnances sont tout-à-fait complètes et parfaitement sages; car si la Ville doit prendre à sa charge l'enlèvement quotidien des immondices et de tous les débris, susceptibles de se corrompre et de compromettre la salubrité publique, elle a le droit de laisser aux habitants le soin de se débarrasser, à leurs frais, de toutes les matières, qui ne donnent pas d'émanations, et qui peuvent sans danger, être conservées dans leur domicile comme les terres, les déblais, les gravois et principalement les neiges et glaces, qui n'ont pas même besoin d'être transportées quand on a la patience de les laisser fondre.

Malheureusement aucune de ces prescriptions n'est suivie; quand il gèle, chaque habitant de Paris ne songe qu'à souffrir le moins possible des conséquences de l'intempérie de la saison, et n'a pas le moindre égard aux défenses qui lui sont faites. Tous laissent couler librement dans la rue les eaux qui s'y congèlent; il y a telle machine à vapeur qui, chaque jour, produit assez de glace pour former le chargement de vingt voitures, tandis qu'un seul homme, muni d'un balai, pourrait entretenir un courant qui permît aux eaux, si on ne veut les retenir, de couler jusqu'aux bouches d'égouts ; d'un autre côté, les toits et les cours intérieures présentent une surface bien plus étendue que la voie publique, et continuellement on sort des maisons des quantités énormes de neiges; puis, dans chaque cour, on trouve une pompe bien entourée de paille, qui fournit constamment de l'eau et par conséquent de la glace, régulièrement apportée dans la rue.

Enfin, le déblaiement des neiges et glaces n'est jamais terminé ; à peine une rue est-elle nettoyée, qu'il s'y reforme des tas plus considérables qu'auparavant. Un seul habitant fait-il enlever à ses frais les neiges de sa cour ! Combien peu en trouverait-on qui les conservent jusqu'à ce qu'elles fondent?

Nous avons exposé ces faits à l'Administration, qui, en reconnaissant la justesse de nos observations, s'est bornée à remarquer que la Ville en souffrait autant que nous-mêmes, et nous a donné l'assurance que ses agents avaient ordre de faire exécuter les ordonnances.

Il n'en a été ni plus ni moins, et chacun a continué, après comme avant la promesse de M. le Préfet de Police, à faire entièrement à sa guise.

L'Administration a-t-elle seulement constaté par des procès-verbaux ces délits journellement commis dans toute la ville pendant des mois entiers ?

Si ces abus n'avaient pas lieu, et que l'enlèvement se bornât aux quantités existant inévitablement dans les rues, les voitures du service *ordinaire*, comme l'entend le Cahier des charges, seraient plus que suffisantes pour ce travail (1).

---

(1) Il est d'autant plus douloureux pour l'Entrepreneur de périr sous la surcharge de cette extension du service de neiges et glaces, qu'il avait été pour lui l'occasion de donner

Que résulte-t-il cependant de l'inconcevable incurie que nous signalons? Il faut réparer les désordres qu'on laisse bien volontairement commettre, et pour que l'excès de dépenses ne devienne pas évident, en se
produisant dans les comptes municipaux, on le fait supporter par un
Entrepreneur qu'on harcellera de tous les côtés afin de pouvoir user gratuitement, pendant l'hiver, d'une augmentation de voitures qu'il supportera toute l'année, et on le ruinera, quand le plus puissant intérêt de la
Ville crie de le laisser prospérer.

L'erreur de l'Administration nous coûte tous les bénéfices que nos heu-
reuses innovations nous auraient dû valoir; elle nous coûte l'existence
de notre Entreprise; elle est la cause du désastre d'une liquidation for-
cée, mais elle a surtout immédiatement occasionné tous les excès de dépenses qu'ont nécessités des augmentations importantes de moyens d'exécution pendant les temps de neiges et glaces.

L'état n° 24, qui s'élève à la somme minime de 27,304 fr. ne contient
donc en réalité que la plus faible partie de notre demande; la majeure
partie de notre reclamation se trouve confondue dans l'état n° 22, où
nous demandons le remboursement des frais occasionnés par des voitures, qui, rendues indispensables pendant toute l'année, ont conséquem-
ment été fournies pendant l'hiver.

§ 4. *Indemnité pour le déblaiement des dépôts de neiges et glaces exécutés au dégel au lieu de l'être à la suite du dégel.*

L'art. 19 dit « que l'Entrepreneur emploiera la totalité de ses moyens
« de transport à enlever les neiges et glaces et à les transporter aux em-

---

une preuve de sa bonne foi. L'art. 19 dit que l'Entrepreneur emploiera ses voitures à
l'enlèvement des neiges et glaces dans tous les lieux indiqués par L'ART. 1er: cet article est
relatif aux points compris dans le balayage ordinaire et détaillés dans l'état annexé,
c'est-à-dire *à la plus petite partie de la ville.* On dira que c'est une faute d'impression et
on se trompera, car la faute est la même dans le premier Cahier : il faut remonter au
Cahier de M. Labalte pour en trouver l'explication. A cette époque on commençait par
le chapitre de l'enlèvement, et l'art 1er, qui est devenu l'art. 8 dans notre Cahier, énumé-
rait toutes les dénominations de la voie publique : se référer à l'art. 1er, c'était donc alors
indiquer toutes les rues, les quais, les places, les ponts, etc., etc. L'erreur de rédaction
vient de ce que, l'ordre des chapitres étant interverti, on n'a pas eu égard, en copiant l'article, au renversement, qui avait eu lieu : cependant nous pouvions en profiter, en n'enlevant les glaces que sur les localités que nous balayions, nous ne l'avons pas fait, ne le considérant pas comme loyal, et l'on voit la manière dont nous avons été récompensés de
notre condescendance.

« placements désignés par le Préfet de Police pour servir de dépôts pro-
« visoires. Il devra également, A LA SUITE DU DÉGEL, opérer le déblaiement
« complet de ces dépôts, en employant à ce service tout ou partie de ses
« moyens de transport, après le service d'enlèvement. »

Chacun connaît ces dépôts de neiges et glaces, qui étaient autrefois
formés sur les boulevards intérieurs et qui, dans ces dernières années, ont
été relégués dans des quartiers excentriques, comme les terrains Saint-
Lazare, la barrière du Trône, la rue de Poliveau, la place Vauban, etc.

Il était d'usage, avant le bail, de laisser au soleil et à la pluie le soin de
fondre les neiges et glaces qui s'y trouvaient mêlées à des pailles et autres immondices, et lorsque *le dégel avait produit son effet,* l'Entrepreneur, venait avec des moyens de transport et opérait le déblaiement
complet.

Le Cahier des charges, resté sans adjudicataire, avait voulu modifier ce
système, et avait stipulé que les dépôts seraient déblayés *après les gelées.*

Mais le Cahier des charges, qui nous régit, est revenu aux anciens
usages, en disant que le déblaiement serait fait *à la suite des dégels.*

Cependant l'Administration, méconnaissant, comme elle l'a toujours
fait, le sens et les expressions du traité, a exigé que ces dépôts fussent déblayés *après les gelées,* et à peine le service d'enlèvement des neiges et
glaces dans les rues avait-il cessé, que le lendemain, sans aucun intervalle
et malgré nos réclamations motivées, nos voitures ont dû être employées
à ce travail en transportant de nouveau *ces neiges et ces glaces,* qui, amoncelées à de grandes hauteurs, se conservaient intactes.

En 1838, après des gelées qui avaient duré 42 jours, le déblaiement des
dépôts de neiges et glaces commencé *avec le dégel* a coûté 7,671 fr. 65 c.,
détaillés en l'état n° 25, tandis que placés dans des quartiers écartés, ils pouvaient fondre en quelques semaines, sans aucun inconvénient pour la salubrité; les paysans venant chaque jour enlever le fumier qui aurait,
jour par jour, été mis à découvert, l'Entrepreneur n'aurait eu à s'occuper
que du transport de quelques poteries et de quelques gravois.

Voilà donc encore un tort considérable fait à l'entreprise sans aucun
profit pour personne, car le travail s'est réduit à charrier principalement
de l'eau sous la forme de glace, et à jeter, contrairement aux ordonnances, une quantité importante d'immondices dans la rivière.

Nous bornons notre réclamation à l'année 1838, parce qu'il nous est
impossible d'en établir les éléments pour les années antérieures.

SECTION III.

CURAGE DES ÉGOUTS.

Le curage des égouts donne lieu à des réclamations d'autant plus importantes, que les économies que nous y avons obtenues, ont tourné tout
entières au profit de la Ville, et par suite de la fausse interprétation
du contrat, sont devenues pour nous une source de dépenses nouvelles.

L'article principal de ce chapitre, l'article 22, est ainsi conçu :

« L'Entrepreneur est tenu de faire opérer le curage de tous les pui-
« sards et égouts couverts et découverts *actuellement existants et entre-*
« *tenus par la Ville*, et de tous ceux qui pourraient être construits pen-
« dant la durée du bail, et *dont l'entretien serait à la charge de la Ville.*

« Ce service sera fait sous la surveillance et la direction de l'Adminis-
« tration, qui déterminera les diverses parties des égouts, qui devront
« être chaque jour nettoyées, sans cependant pouvoir exiger l'emploi
« journalier de plus de cent ouvriers, y compris dix chefs ou sous-chefs,
« *etplus de* 26,280 *journées d'ouvriers par an.* L'Administration aura le
« droit de refuser les ouvriers impropres au service.

« *En cas de construction de nouveaux égouts,* l'Entrepreneur aura droit,
« s'il y a lieu, à une indemnité fixée de gré à gré ou par experts, et en
« raison de l'augmentation de ses moyens d'exécution. »

Ces dispositions, comme on le voit, n'ont pas le même caractère que
celles qui concernent le balayage et l'enlèvement. L'Entrepreneur n'est
pas véritablement chargé du curage des égouts ; il a un rôle presque pas-
sif, et n'est tenu qu'à fournir des ouvriers dans des limites déterminées.

Nous ne parlerons pas ici des inconvénients d'un système, qui ne subor-
donne pas les ouvriers à la surveillance de celui qui les paie ; qui ne leur
donne d'autre contrôle que celui des Inspecteurs de la Salubrité, peu in-
téressés à la diminution du nombre et à la réduction de la dépense : c'est
une condition que l'Administration n'a pas voulu modifier, et que nous
avons acceptée ; il faut la subir ; mais, du moins, c'était un motif de plus
pour que nos obligations demeurassent restreintes dans le cercle qui
avait été tracé.

Cette délimitation n'était pas aussi précise dans le premier Cahier des
charges, qui disait :

Art. 27. « L'Entrepreneur est tenu d'employer chaque jour le nombre
« d'hommes nécessaires au curage de tous........ »

La condition qui, au lieu de cette obligation générale et indéfinie, a
borné l'engagement de l'Entrepreneur à ne fournir à forfait que 72
hommes, ou 26,280 par année, et même à ne fournir, moyennant indemnité, qu'un supplément de 28 hommes par jour, est tout-à-fait essentielle,
parce qu'il est, en outre de la fourniture des hommes, tenu, par l'art. 24
« de faire enlever et transporter, à ses frais, aux décharges publiques ou
« particulières, les sables, sédiments et résidus quelconques provenant du
« curage des égouts, aussitôt après leur extraction. »

La restriction mise à cette obligation de fournir des ouvriers était d'autant plus nécessaire, qu'il existait à Paris, en 1831, un petit nombre
d'égouts d'une étendue au plus de 40,000 mètres, qu'ils ont été aug-
mentés, à la fin de 1837, jusqu'à 80,000 mètres, et, à la fin de 1838,
jusqu'à 90,000 mètres.

Elle est d'autant plus nécessaire, sous le rapport de la définition des
égouts et puisards, que si le prolongement d'un égout ne nécessite pas
des déblais considérables, parce que le ruisseau souterrain qu'il renferme, entraîne dans son cours la plus grande partie des matières, il
n'en est pas de même du puisard, c'est-à-dire de ce récipient barbare, de
ce cloaque méphytique, qui garde et corrompt tout ce qu'il reçoit,
n'absorbant rien, pas même les eaux mêlées aux matières corrompues,
dont il faut extraire et transporter, à grands frais, les sédiments in-
fectés.

Or, quelles sont les obligations de l'Entrepreneur, consignées et dans
l'art. 27 du premier Cahier, et dans l'art. 22 du nôtre.

Il doit d'abord faire opérer le curage des *puisards et égouts actuellement existants*; voilà la première condition, qui tient à l'existence ac-
tuelle en (1831) de ces puisards et égouts. La deuxième condition, c'est
que ces puisards et égouts aient été entretenus par la Ville à la même
époque, et il sera facile de comprendre l'intérêt d'une pareille condition,
quand on saura que Paris renferme une très grande quantité de puisards;
qu'il en existait par centaines, en 1831, dans des maisons particulières,
qui ne devaient pas être entretenus, qui ne l'étaient point par la Ville,
et qui, par cela même, n'ont pas été mis à la charge de l'Entrepreneur.

Ensuite l'art. 22 ne s'arrête pas à l'état actuel; il prévoit l'avenir, et
oblige encore l'Entrepreneur à faire curer ceux qui *pourraient être con-*

struits pendant la durée du bail; mais toujours à la condition que l'en-
retien de ces nouvelles constructions *serait à la charge de la Ville.* On
exclut toujours avec soin les constructions particulières.

Le dernier paragraphe de l'art. 22 : *en cas de construction de nouveaux
égouts*, stipule d'ailleurs que cette dernière clause ne s'entend que des
égouts et non pas des puisards, meuble barbare, foyer permanent d'infection, qu'on supporte parce qu'il en coûterait trop de les supprimer
tous en même temps, mais dont le nombre ne devait sous, aucun prétexte, être augmenté, à une époque où tous les efforts tendent à améliorer
la salubrité publique.

Non content de restreindre à 26,280 journées, la quantité indéfinie
exigée par le premier Cahier des charges, le second Cahier renferme
une condition nouvelle bien autrement importante que cette limite de
72 hommes par jour, c'est l'assurance d'obtenir des économies considérables par des améliorations à introduire dans le mode de curage prati-
qué, suivant les errements routiniers, par la Direction de la Salubrité.

Cette assurance est donnée par l'art. 28, ainsi conçu :

« Si l'Entrepreneur voulait par la suite changer le mode actuel de
« curage des égouts, il serait autorisé à faire les essais nécessaires; mais
« l'Administration se réserve le droit de n'adopter aucun nouveau mode
« que lorsqu'une série d'expériences en aura démontré la supériorité. »

Nous avons réclamé le bénéfice de cette disposition, et nous avons immédiatement obtenu les résultats les plus importants : au lieu de 70
hommes, il n'en a plus été employé journellement que 25 à 30. Les essais
que nous avons faits consistèrent non-seulement à établir de forts bar-
rages dans les égouts, mais encore à contraindre, à l'aide d'une bonne
organisation et d'encouragements de tout genre, les ouvriers à faire bon
emploi de leurs forces et de leur temps.

Les résultats ont surtout été remarquables, en ce sens que le nombre
d'ouvriers a diminué en proportion inverse de l'augmentation progressive des égouts. Ainsi, il existait en 1831, comme nous l'avons dit, 40,000
mètres d'égouts, et l'Administration a employé, de 1831 à 1832, 24,964
journées; elle a donc presque atteint, cette année-là, le maximum des
26,280 journées, porté dans le Cahier des charges, et si la même proportion eût dû suivre l'accroissement progressif des égouts qui ont été construits depuis 1832, et qui les ont portés jusqu'à la fin de 1837, à 80,000,
et de 1838, à 90,000, voici, en comptant pour chaque année une aug-

mentation de 5,000 journées, en proportion des longueurs construites, le nombre qu'il aurait fallu employer : 1831-1832 24.964 journées.

	1832-1833	29.964	»
	1833-1834	34.964	»
	1834-1835	39.964	»
	1835-1836	44.964	»
	1836-1837	49.964	»
	1837-1838	54.964	»

Ensemble.... 279,748 journées.

Nous ne devions pour ces sept années que:.. 183,960 »

Il y aurait eu un excédant de........ 95,788 journées, qui à 5 francs par chaque journée d'égoutier outillé, botté et pourvu de moyens de transport, aurait occasionné, jusqu'au 1er Novembre 1838, une dépense, à la charge de la Ville, de 478,940 francs, parce que la Ville est obligée d'indemniser l'Entrepreneur pour les ouvriers requis annuellement au delà de 26,280.

L'industrie de l'Entrepreneur, qui s'est constamment portée sur toutes les branches du service, a donc, pour les égouts, procuré à la Ville de Paris, une économie considérable, jusqu'alors inconnue : car si la Préfecture de Police a employé avant les travaux tentés par l'Entrepreneur

En 1831-1832, du 1er Novembre au 31 Octobre...... 24,964 journées.
elle a employé, depuis ces travaux :

En 1832-1833 du 1er Novembre au 31 Octobre......	21,130	»
1833-1834	«	 12,200	»
1834-1835	«	 14,013	»
1835-1836	«	 16,094	»
1836-1837	«	 22,328	»
1837-1838	«	 26,260	»

TOTAL........ 136,989 journeés.

Les fruits de pareils succès ont donc été, pour la Ville de Paris, incontestablement une économie considérable, et ils nous ont valu de la sévérité, des rigueurs et une pénible antipathie de l'Administration.

Il est vrai que l'art. 28 renferme une innovation étrangère au premier Cahier des charges, et que la Préfecture de Police, comme nous l'avons déjà démontré plusieurs fois, considère comme nulle, une réussite, née d'une pareille source qui, selon elle, devait être réprouvée. L'on vit effectivement l'Administration écarter bientôt l'Entrepreneur sous des prétextes frivoles, au lieu de lui laisser parcourir jusqu'au bout la carrière encore si grande des réformes à opérer dans cette partie importante du service.

Si nous avons su, par le fait de notre industrie, exécuter le curage de 90,000 mètres d'égouts avec un nombre d'ouvriers à peine supérieur à celui qu'on employait pour le curage de 40,000 mètres, on a pris de ce résultat occasion d'augmenter abusivement le nombre des égouts auxquels devaient être employées 26,280 journées par année.

L'Administration s'est arrogé le droit, jusqu'à ce qu'elle eût atteint et épuisé annuellement les 26,280 journées, de faire porter le curage sur des égouts ou puisards, qui ne se trouvent pas compris dans les désignations du Cahier des charges. L'industrie de l'Entrepreneur, si utile pour l'intérêt public, est donc devenue stérile pour lui-même; bien plus, il doit déplorer son succès, car les espérances, qu'il avait fondées sur l'art. 28, n'ont été, par suite du système de l'Administration, qu'un moyen pour la Préfecture de Police de lui imposer de nouvelles charges, excessivement coûteuses; s'il avait laissé subsister les vieilles routines, il n'aurait pas, à la vérité, évité à la Ville de grandes dépenses, mais il aurait évité à lui-même ces accroissements de travaux sans compensation, et il aurait même été appelé à profiter du bénéfice auquel il aurait eu droit sur l'augmentation d'ouvriers devenue nécessaire.

Nos réclamations portent sur

1° Les dépenses relatives au puisard Mabillon ;

2°   »   »   »   Saint-Laurent ;

3°   »   » à l'égout de ceinture extérieur ;

4°   »   » au puits d'absorption de la barrière du Combat;

5°   »   »   »   »   de Picpus ou Saint-Mandé;

6°   »   » à l'égout du faubourg Saint-Honoré.

§ 1er *Dépenses relatives au puisard Mabillon.*

Le puisard de la rue Mabillon est situé auprès du marché Saint-Germain ; cette rue a été relevée de 15 pieds, et le puisard, qui autrefois recevait les eaux de la voie publique, ne reçoit plus maintenant que les eaux pluviales et ménagères des deux maisons n°ˢ 6 et 8.

C'est en 1837 que les propriétaires des maisons ont fait décider que le puisard appartenait à la Ville, et que la Préfecture de Police nous a enjoint de le faire curer par nos ouvriers.

Nous objectons, le Cahier des charges à la main, qu'en 1831 il était construit, et qu'il n'était pas entretenu par la Ville ; il ne rentre donc pas dans les termes de l'art. 22.

Par suite, soit de la susceptibilité des voisins, soit de l'usage qu'on fait de ce puisard, il ne peut être vidé que dans la nuit, par des vidangeurs ; nous avons été contraints de les requérir, une première fois, pour exécuter ce travail, que nous ne pouvons pas faire nous-mêmes, faute d'outils et faute d'ouvriers spéciaux.

Il est arrivé de là que l'Administration nous a, dans une seconde occasion, ordonné de fournir, pour le curage de ce puisard, un matériel de vidange tout entier dans le détail le plus complet.

Nous n'en avons jamais eu en notre possession la moindre partie, parce qu'il n'y a eu rien de semblable dans le Nettoiement, et qu'il ne nous en a rien été livré au commencement de notre Entreprise : la prétention de l'Administration est encore ici formellement contraire à l'art. 43, qui dit : « Jamais l'Entrepreneur ne pourra être obligé à augmenter ses moyens « d'exécution » !

Le mémoire que nous présentons pour cet objet, et qui est annexé sous le n° 26, s'élève à 453 fr. 20 cent.

§ 2. *Dépenses relatives au puisard Saint-Laurent.*

Le puisard Saint-Laurent, qui se trouve dans l'impasse Saint-Laurent, boulevard Bonne-Nouvelle, est fort ancien : situé sur un terrain particulier : il avait été curé par les propriétaires riverains jusqu'en l'année 1834; à cette époque, l'abaissement du boulevard et la suppression de la rue Basse-Porte-Saint-Denis y firent tomber une masse d'eau qui avait auparavant un autre écoulement; les riverains se plaignirent de voir leur puisard envahi par les eaux de la voie publique, et un arrêt ordonna que la Ville serait dorénavant tenue de pourvoir à son entretien.

L'obligation imposée à la Ville retomba à notre charge, et nos ouvriers furent employés à ce curage.

Nous n'étions pas, à cette époque, au fait de circonstances que nous avons connues depuis lors. Nous pensions que, comme tant d'autres, qui, à force de temps, ne s'emplissent que des matières apportées par les eaux, ce puisard avait besoin d'être curé seulement tous les 3 ou 4 ans; et que nous éviterions les conséquences de l'imposition qui nous était faite, si nous ne supportions pas les frais du premier travail.

La question de savoir si un puisard ou égout nouveau pouvait nous être livré autrement que libre et net, fut donc portée devant le Conseil de Préfecture : le 7 Février 1835, il fut décidé que notre demande n'était pas fondée.

Aujourd'hui, éclairés sur des faits que nous avons ignorés, nous apportons devant le Conseil, au sujet du même puisard, une question plus large que la première, et nous lui demandons de décider que *ce curage n'a jamais dû être mis à notre charge*.

D'un côté, il n'est pas dans les conditions qu'exige l'art. 22, pour qu'il soit curé par nos ouvriers.

En 1831, le puisard Saint-Laurent était construit, et n'était pas à la charge de la Ville. Il ne rentre donc pas dans la première catégorie, qui concerne les puisards alors entretenus par la Ville ; il ne peut, du reste, faire partie de la seconde, qui ne se rapporte qu'aux constructions nouvelles *d'égouts*.

Nous avons d'ailleurs un intérêt tout spécial à repousser ce puisard, qui n'a pas même la qualité la plus indispensable d'un puisard ; il n'absorbe pas l'eau qu'il faut venir, tous les quinze jours, enlever dans des tonneaux.

Il était autrefois de niveau avec la rue Basse-Porte-Saint-Denis, et il ne recevait que les eaux de quelques maisons voisines ; mais *l'exhaussement* de cette rue, qui se trouve maintenant réunie au boulevard Bonne-Nouvelle, a placé le puisard à 20 pieds en contre-bas. Construit pour le service d'une localité très rétrécie, il est naturellement tout-à-fait insuffisant pour *contenir* la quantité d'eau qui y afflue d'une partie importante de la voie publique : à chaque pluie il en résulte une inondation des propriétés contiguës, et le mal devient tous les jours plus grave, parce que les immondices, qui y sont amenées, paralysent de plus en plus l'action absorbante des barbacanes.

C'est là un mécompte de l'architecte, qui n'a pas pris connaissance de la puissance de ce puisard, et qui lui a tracé sur la voie publique un bassin trop étendu.

Comment est il possible que nous devenions responsables d'une faute de ce genre ?

Non-seulement il y a une dépense là où il ne devait pas y en avoir si on ne donnait pas à ce puisard plus qu'il ne peut recevoir ; mais il y a une dépense énorme et incroyable, parce qu'il faut tirer des eaux du fond d'un trou situé à l'extrémité d'une ruelle étroite, plus basse de 20 pieds que le boulevard ! et ce travail se fait de nuit !

L'existence de ce puisard infect au centre de Paris, à deux pas de la promenade la plus fréquentée, est une monstruosité ; depuis longtemps la suppression en est réclamée avec les plus vives instances.

Il peut être facilement remplacé par un égout, dont la construction sera proportionnellement si peu coûteuse, que l'intérêt du capital employé sera bien moindre que les frais actuels de curage.

Nous apprenons que cette amélioration est très prochaine, maintenant que l'Administration a pu se convaincre par sa propre expérience de l'exactitude de nos assertions.

Cependant, par suite d'un embellissement de la Ville, de l'abaissement du boulevard Bonne-Nouvelle et de l'erreur grossière d'un architecte, nous avons été obligés de fournir le personnel et le matériel nécessaires pour le voiturage de ces eaux, destinées, avant et après notre Entreprise, à s'écouler naturellement.

Rien de pareil à tout cela n'a été prévu par le Cahier des charges, et nous demandons, d'après l'état annexé sous le n° 27, les frais occasionnés par le curage de ce puisard, et qui se sont élevés, jusqu'au 6 Janvier 1839, à la somme de 6,842 fr. 27 cent.

§ 3. *Dépenses relatives à l'égout de ceinture extérieure.*

Cet égout donne lieu à deux natures de réclamations relatives, l'une aux moyens d'épuisement, l'autre à l'eau que nous y avons versée.

1° Épuisement de l'égout de ceinture extérieur.

Les boulevards extérieurs de la ville de Paris, qui sont bordés d'habitations dépendant des communes limitrophes, se trouvaient dans un état excessif de malpropreté, à défaut d'écoulement pour les eaux qui croupissaient dans les cuvettes. La sollicitude de l'Autorité s'est étendue sur ces localités écartées du centre, et des travaux d'assainissement y ont été exécutés. On y a commencé la construction d'égouts et de puits d'absorption, qui sont fort utiles.

Nous nous plaignons seulement que l'Administration nous en ait indûment imposé le curage en y employant nos ouvriers.

Ces nouveaux établissements se trouvent bien, suivant le texte de l'article 22, construits pendant la durée du bail, et l'entretien en est à la charge de la Ville ; mais nous les repoussons, parce qu'ils sont situés hors de l'enceinte, dans des endroits où ne s'étendent ni l'obligation du balayage, ni celle de l'enlèvement, et qui, privés de l'éclairage municipal, ne font pas partie de la voie publique de notre Cahier des charges.

Lorsque le balayage ne réunit pas les immondices en monceaux, lorsque l'enlèvement ne les fait pas disparaître, il est inévitable que les pluies les entraînent dans les égouts, d'où il faut ensuite les retirer à très grands frais. Nous serions donc dispensés du service à la surface du sol, et il faudrait l'effectuer sous terre! — Il y a là une contradiction insoutenable.

Outre ces inconvénients généraux, l'égout de ceinture du boulevard extérieur, construit entre la barrière Blanche et la barrière des Vertus, sur une longeur de 2,752 mètres, et terminé le 5 Décembre 1836, est en outre resté si imparfait, qu'il ne peut pas même être admis à l'état d'entretien ordinaire.

Soit qu'il se trouve à une trop grande profondeur sous terre, ou que les trappes soient trop peu nombreuses, ou que l'air ne puisse s'y renouveler, et que les miasmes putrides s'y amoncèlent en trop grande quantité, soit que le radier renferme des cavités où les eaux corrompues se rassemblent, soit toute autre cause que nous ne saurions indiquer, il est certain que cet égout est, depuis sa construction, dans un état d'infection permanent, et que nos ouvriers, à quatre reprises différentes, y sont tombés asphyxiés.

Les catastrophes sont venues si souvent à l'appui de nos réclamations, qu'il a bien fallu que l'Administration y prêtât enfin l'oreille, et on y a fait des travaux considérables, qui n'ont pas toutefois empêché un nouvel accident.

L'Administration a cherché à suppléer à tous ces défauts par des curages plus fréquents et par des extractions plus considérables ; nous voulons bien croire que ce sont les meilleurs expédients pour sortir d'embarras, mais il n'est pas possible que ce soit exclusivement à nos dépens que l'on remédie à des vices de construction qui ne sont pas de notre fait.

Le Cahier des charges stipule expressément. art. 27, que *l'enlèvement des matériaux, gravois, décombres ou autres objets provenant des ouvrages d'art exécutés dans les égouts, ne sont pas à notre charge,* c'est-à-dire que nous ne sommes chargés que des moyens d'entretenir la propreté, et il est même d'usage qu'un égout neuf nous soit livré entièrement libre et de matériaux et de corps étrangers.

Affranchis des conséquences des travaux de construction, nous le sommes, à bien plus grand titre, de ces travaux mêmes ou de tout ce qui les remplace, ou qui supplée à leur insuffisance.

Pour remédier aux vices de construction de cet égout, l'Administration a pris le parti d'extraire, non plus les *sables, sédiments et résidus* que l'art. 24 autorise de jeter dans les décharges, parce qu'ils sont inodores ; mais toutes les matières corruptibles qui y tombaient, afin d'éviter l'infection : elle a requis également l'emploi de *lampes à la Davy*, *d'une cheminée à articulations haute de 12 pieds*, par conséquent de *bois à brûler*, enfin *d'un tarare* et *d'une infinité d'autres objets*.

L'art. 25 donne la nomenclature des outils dont nos ouvriers doivent se servir : ce sont des objets sans exception de la plus petite valeur, et dans l'*et cætera* qui termine la phrase, on voudrait voir des objets de prix qui ne peuvent être confiés à des mains aussi grossières que celles des égoutiers! Nous ne pouvons admettre que cet *et cætera* se prête à une telle interprétation, que l'accessoire soit cent fois plus important que le principal.

L'égout de ceinture du boulevard extérieur, long de 2,752 mètres, a, dans l'espace de six mois, absorbé 524 journées d'ouvriers, et 60 journées de tonneaux et de tombereaux.

Il a entraîné, d'après l'état annexé sous le n° 28, jusqu'au 6 Janvier 1839, une dépense de 10,016 fr. 22 cent.

2° EAU VERSÉE DANS L'ÉGOUT DE CEINTURE EXTÉRIEUR.

Comme nous l'avons dit, cet égout n'est réellement pas achevé ; il lui manque surtout de l'eau, sans laquelle il ne peut y avoir d'égout complet, puisqu'un égout n'est qu'un ruisseau souterrain.

L'Administration sait cela comme nous; mais, pour des causes qui échappent à notre pénétration, au lieu de s'occuper simultanément tant de l'égout, que d'une conduite des eaux de l'Ourcq, qui se trouve à proximité, on a d'abord établi l'égout, sauf à y amener l'eau plus tard, à loisir.

Il est résulté de là que, dans une localité où il n'y a pas de puits, point de cours pavées et peu de toits de maisons pour fournir des eaux pluviales, ce n'est que dans des moments d'orage que les débris d'animaux et de végétaux se trouvent entraînés sous terre, pour s'y amonceler et s'y corrompre, parce que le courant n'a pas la force de les emmener jusqu'à la rivière.

Malgré des précautions très onéreuses pour nous, nos ouvriers sont tombés si fréquemment asphyxiés, qu'on a pris le parti d'y faire amener de l'eau *par tonneaux* ; alors on a placé des vannes, et, en les ouvrant subitement, on a créé un courant qui a tout entraîné.

Ce parti était bon, il n'y en avait pas d'autre à prendre, et le résultat a été assez grand pour que les réquisitions d'eau se soient successivement élevées jusqu'à 440 fr. par mois.

10

A nos observations, l'Administration a répondu que cette eau était exigée pour *faciliter le curage*, et pour *préserver les ouvriers* des dangers auxquels ils se trouvent exposés.

Ni l'un ni l'autre de ces motifs ne peut justifier l'obligation qui nous a été imposée.

L'art. 22 exige, pour le curage des égouts, la fourniture de 26,280 journées d'ouvriers, c'est dire assez que ce curage sera fait à force de bras; il ne dépend pas de l'Administration de remplacer cette force de bras par de l'eau, et elle ne l'a pas même entendu de cette manière, car l'équivalent de celle qui nous a été demandée ne figure pas dans l'état des journées fournies par nous.

L'art. 25 n'est pas non plus applicable dans cette occasion, parce que tous les moyens de secours qui nous ont été cédés, lors du commencement de notre entreprise, se réduisent à des bridages, qui sont toujours restés en notre possession, et qui étaient journellement requis par l'Administration.

Nous devons, il est vrai, pourvoir nos ouvriers des moyens de secours contre les dangers de leur profession, et chaque atelier doit être muni d'une bouteille de chlorure qui ne coûte que quelques sous; mais, encore une fois, l'obligation qui nous est imposée est une obligation générale, inhérente au curage des égouts, de tous les égouts possibles, où le méphitisme peut toujours se manifester accidentellement; et par ces termes, il est impossible de comprendre que c'est nous qui nous sommes obligés de fournir à nos frais le remède à tous les maux que peuvent engendrer dans un seul égout les vices de construction, ou des économies temporaires et fort mal combinées.

Le cas qui s'est présenté à l'égout de ceinture extérieure a été prévu, et l'art. 35 y a pourvu; cet article oblige l'Entrepreneur, *dans les chaleurs et lorsqu'il en sera requis*, à verser de l'eau dans les égouts, *moyennant indemnité*. Nous avons fait cette observation, qui n'a pas été écoutée.

L'Administration a prétendu que « l'eau versée dans les égouts, pendant les chaleurs, n'avait aucun rapport avec l'eau qui pouvait être nécessaire pour faciliter le curage des égouts et pour préserver les ouvriers des dangers auxquels ils sont exposés dans cette opération. » (Lettre de M. le Préfet de Police du 17 Février 1837.)

La conséquence du raisonnement qui nous est opposé serait que la cause d'infection, accidentelle dans les autres égouts, nous donnerait droit à une indemnité, tandis que la même cause, permanente dans l'égout du boulevard extérieur, dans une localité privée du bénéfice de l'enlèvement, tomberait à notre charge sans indemnité, par ce seul motif qu'elle est permanente et qu'elle occasionne une dépense beaucoup plus considérable. Énoncer de pareilles propositions, c'est les réfuter.

Nous demandons au conseil d'ordonner le paiement de l'indemnité, allouée par l'art. 35, et montant suivant l'état n° 29, à 6,450 fr. 62 c.

§ 4. *Dépenses relatives au puits d'absorption de la barrière du Combat.*

Entre les barrières de Pantin et du Combat, on a établi un *puits d'absorption*, qui a donné les plus tristes résultats.

Nous sommes loin de critiquer la conception de ce travail; mais nous ne pouvons nous empêcher d'en déplorer hautement l'exécution dans une localité privée même d'un balayage extraordinaire; dans de pareilles conditions, il est impossible d'apprécier le mérite de cette œuvre.

Ce puisard est composé de plusieurs puits séparés les uns des autres par des chambres souterraines; les eaux entrent par un premier puits dont l'ouverture est sur le sol, et qui conduit à une des chambres; là elles doivent se clarifier, s'épancher dans un second puits, arriver dans une autre chambre où elles se reposent encore, et tomber enfin dans un dernier puits qui les absorberait définitivement.

Mais il y a loin du résultat espéré au résultat obtenu.

Dans ces localités, où le sol était couvert d'une foule de débris de toute nature, où il était jonché de feuilles, où jamais les immondices ne sont enlevées, où, sur une vaste étendue, il n'y avait pas un pavé, où l'on ne trouvait enfin que de la poussière et de la boue, les grandes pluies et les orages amenaient tant de paille, d'herbes, etc., à l'orifice de la première grille, qu'elle était bientôt obstruée, et qu'il se formait sur toute la longueur du boulevard un vaste lac, profond de plusieurs pieds; puis, quand la grille était dégagée, les eaux se précipitaient par torrent dans le premier puits, et sans pouvoir se clarifier dans les chambres, allaient engorger la lanterne qui recouvre le puits d'absorption proprement dit.

Lorsque tout était ainsi noyé, nous étions requis par l'Administration, et nous commencions par enlever dans des tonnes les eaux qui remplissaient le puits d'absorption, lequel *n'absorbait plus rien du tout*.

Pendant longtemps nos voitures enfonçaient même jusqu'à l'essieu dans le marécage formé par l'accotement non pavé; c'étaient des travaux d'extermination pour les voitures et pour les chevaux; plus tard, cependant, nous avons obtenu qu'une étendue de quelques mètres fût couverte de cailloux.

10.

Pour ces travaux, qui n'ont rien de commun avec un curage d'égouts, il fallait une pompe à incendie, continuellement endommagée dans cette eau fangeuse; il fallait la cheminée d'appel avec le combustible, des toiles, etc., il fallait du vinaigre essentiel et mille précautions pour vider les chambres, où les eaux d'une fabrique de colle et d'autres usines situées à Montfaucon, apportent des parties animales promptement putréfiées.

L'année dernière le puits d'absorption est devenu l'objet de travaux considérables; on a, par exemple, pavé le boulevard tout entier; il est certain que les lieux ne pouvaient rester dans l'état où ils étaient, et sans examiner s'il y a amélioration, nous remarquons seulement qu'en 1831 personne ne pouvait ni prévoir ni soupçonner qu'un établissement nouveau donnerait lieu à des résultats aussi désastreux.

Si le Cahier des charges avait laissé entrevoir à des soumissionnaires la perspective de pareilles aggravations de service, il est probable qu'ils auraient reculé devant le second comme ils ont reculé devant le premier.

L'Administration n'a pu, à cette époque, annoncer des projets qu'elle n'avait pas formés, et ses vues se trouvent clairement exprimées par ces mots : *En cas de construction de nouveaux égouts;* seulement d'*égouts,* mais non de *puisards* et encore bien moins de *puits d'absorption.*

Ces derniers sont des espèces de machines, susceptibles de se déranger; c'est en pareil cas au constructeur qu'on s'adresse pour les remettre en mouvement : rien ne peut nous obliger ni à les nettoyer ni à fournir le matériel coûteux qui accompagne toujours nos ouvriers.

Les dépenses faites à ce puisard s'élèvent, au 6 Janvier 1839, suivant l'état n° 30, à 5,190 fr. 35 cent.

§ 5. *Des dépenses relatives au puits d'absorption de Picpus ou Saint-Mandé.*

Ce puits est construit d'après le même principe que le précédent.

Jadis les eaux s'écoulaient sur le territoire de Saint-Mandé, et c'est pour faire droit aux réclamations des habitants de cette commune que ce puits avait été établi.

Il n'a jamais pu fonctionner, il a fallu l'abandonner après quelques mois d'essais, qui ont occasionné des frais immenses en comparaison du peu d'importance relative de ce quartier tout-à-fait isolé.

Pour ce puisard, dont la construction n'est pas prévue par le Cahier des charges, nous avons été contraints de fournir des voitures et des ouvriers, qui nous ont constitués en dépense de 2,087 fr. 80 cent.; nous en réclamons le remboursement, suivant détail en l'état n° 31.

§ 6. *Dépenses relatives à l'égout du faubourg Saint-Honoré.*

La construction de l'égout du faubourg Saint-Honoré a été entravée par de graves accidents ; les travaux ont dû être abandonnés pendant plusieurs mois ; avant de les reprendre, il fallait enlever les matières qui les encombraient.

Alors les ingénieurs chargés de la construction n'ayant à leur disposition ni le matériel, ni le personnel indispensables pour cette opération difficile, s'adressèrent à la Préfecture de Police pour demander, par son intermédiaire, le secours de nos meilleurs ouvriers.

Nous avons hésité à donner notre consentement, parce que nous connaissions les difficultés qui résultent presque toujours de pareilles condescendances envers l'Administration ; et si nous avons cédé aux pressantes sollicitations qui nous étaient faites, c'était pour donner encore une fois la preuve du désir qui nous a toujours animés, d'être utiles à la Ville de Paris.

Sur des *ordres écrits* et motivés chaque fois pour *travail par indemnité,* nous avons fourni pendant longtemps des voitures et des ouvriers, et quand nous avons présenté le compte de ces dépenses, l'Administration, méconnaissant les ordres et les instructions qu'elle avait donnés, a prétendu retrancher de notre mémoire les journées d'ouvriers, sous prétexte qu'elle était en droit de les exiger jusqu'à complément de 26,280 journées par an.

Ce refus, qui n'a que trop réalisé nos pressentiments, ne peut se justifier en présence du Cahier des charges.

Les 26,280 journées effectivement dues par an ne peuvent être employées qu'au *curage des puisards et égouts qui sont construits,* mais nullement aux travaux de construction.

Bien plus, cette stipulation, qui est implicite dans l'art. 22, est explicitement formulée dans l'art. 27, qui porte : « Lorsqu'il sera exécuté des ou-
« vrages d'art dans les égouts, l'Entrepreneur devra procéder au curage
« préalable et au nettoiement ordinaire subséquent, *mais l'enlèvement*
« *des matériaux, gravois, décombres ou autres objets provenant des*
« *ouvrages exécutés ne sera pas à sa charge »*

Les travaux auxquels nous avons volontairement concouru sur les pressantes sollicitations écrites de l'Administration, rentraient évidemment dans la classe de ceux prévus par l'art. 27 ; l'égout n'était pas même achevé, il n'a été terminé que l'année suivante, et c'est ici un incident de la construction ! Il ne peut y avoir le moindre doute quand le Cahier des charges a si bien dit, même pour les égouts anciens, que l'Entrepreneur restera étranger à tout ce qui se fera entre le *curage préalable* et le *nettoiement ordinaire subséquent.*

L'Administration a d'autant moins le droit de disposer arbitrairement de nos ouvriers, que l'art. 28 nous fournit le moyen d'en réduire le nombre; mais l'art. 28 ne se trouve pas dans le premier Cahier des charges, et la Préfecture de Police n'y a aucun égard.

Nous ne pouvons donc être arrêtés dans notre demande par la prétention de l'Administration, et nous soumettons à l'approbation du Conseil le mémoire des dépenses détaillées en l'état n° 32, et montant à 4,518 fr. 76 cent.

SECTION IV.

ARROSEMENT.

L'objet unique de nos réclamations porte ici sur la grande quantité d'eau que nous avons été obligés de verser au delà de nos obligations.

L'art. 36 est ainsi conçu : « L'arrosement sera *toujours fait à pleine* « *canelle,* et de manière que la surface du sol soit suffisamment mouillée « *sans former boue.*

« A cet effet, les arrosoirs devront être confectionnés de manière à « diviser également l'eau qu'ils répandent, et établis de manière à ne pas « la laisser tomber de trop haut. Les modèles de ces appareils seront soumis « mis à l'approbation du Préfet de Police. »

Cette dernière condition a été exactement observée par l'Entrepreneur actuel; il a, sous les yeux de l'Administration, repris de son prédécesseur les tonneaux, dont celui-ci s'était servi pendant dix ans; les modèles des arrosoirs sont encore déposés sous cachet à la Préfecture de Police et l'arrosement est exécuté, suivant les ordres des inspecteurs de la Salubrité *à pleine canelle,* et au petit pas.

Mais l'arrosement normal qui s'était fait de tout temps n'a plus suffi à l'Administration; elle a méconnu entièrement la condition essentielle qui consiste à verser l'eau TOUJOURS *à pleine canelle et sans former boue,* de manière à ce qu'il ne soit pas arrosé le jour où le sol ne peut, *sans former boue,* supporter le versement de l'eau *à pleine canelle.*

A cet arrosement normal et uniforme, elle a substitué, par des ordres *écrits,* des arrosements gradués suivant l'état de l'atmosphère; tantôt on a fait arroser à *demi-canelle* au mépris complet des expressions les plus précises du Cahier des charges, tantôt on a demandé des arrosements forts pour imbiber le sol, *pour le dompter* et on a fait mouiller le même endroit jusqu'à trois et quatre fois.

Enfin, nous avons été contraints de prodiguer tellement l'eau, que la voie publique, dans les Champs-Élysées et sur les boulevards, devenait, en plein été, complétement impraticable, et qu'il a été adressé à l'Autorité, même, par des commissaires de police, les plaintes les plus vives sur la BOUE que l'on formait ainsi dans les promenades les plus fréquentées.

Le résultat, à notre égard, de ces versements excessifs a été d'éveiller l'attention des Administrateurs des Eaux de Paris ; on sait que c'est aux fontaines de la Ville qu'il faut presque inévitablement puiser pour faire l'arrosement public.

De tous temps il avait été accordé à l'Entrepreneur du Nettoiement un abonnement à raison de *cent vingt-cinq* services par année, mais quand la Préfecture de Police a substitué à l'arrosement stipulé par le Cahier des charges un arrosement tout-à-fait arbitraire, les Administrateurs des Eaux nous ont déclaré que, d'après les relevés, nous avions exécuté *deux cents* services par année, et qu'il ne nous serait désormais accordé d'abonnement que sur le taux de nos besoins effectifs.

En conséquence, nous avons été contraints de payer *à la Ville de Paris*, pour l'exercice de 1838, au lieu de 13,495 fr. 43 cent., 21,592 fr. 67 cent., soit une différence en plus de 8,097 fr. 24 cent. pour l'arrosement de 393,340 mètres.

La superficie totale des localités à arroser étant de 635,228 mètres, si nous portons la même augmentation d'eau pour les points où la Ville ne nous en fournissait pas, quoique l'eau de nos établissements particuliers nous coûtât beaucoup plus cher, nous trouvons une augmentation totale d'eau équivalente à 13,076 fr. 32 cent.

Nous nous bornons à réclamer, suivant l'état n° 33, cette somme, en faisant abstraction complète de tous les frais qu'a dû nécessiter en personnel et en matériel le versement d'une quantité d'eau si démesurément augmentée.

Nous ne portons également point en ligne de compte toutes les dépenses qu'ont nécessitées des précautions excessivement coûteuses pour éviter la moindre infraction de la plus petite importance, et qui aurait infailliblement donné lieu à des retenues HUIT CENTS FOIS plus grandes que le prix du travail.

Et ces infractions étaient d'autant plus difficiles à éviter qu'il ne suffisait pas d'avoir tout prêts les chevaux, les hommes et les voitures, l'eau pouvait nous manquer, l'eau que la Ville elle-même nous vendait sans en garantir la fourniture, et que ne nous fournissant pas, elle nous faisait payer *cent vingt-cinq fois* plus cher que si elle nous l'avait livrée.

Ici, comme dans nos autres réclamations, nous ne demandons que la restitution d'une partie des pertes que nous avons éprouvées.

CHAPITRE III.

RESTITUTION DES RETENUES QUI NOUS ONT ÉTÉ FAITES.

Nous demandons au Conseil d'ordonner la restitution des retenues qui nous ont été faites pendant la durée de notre service.

Nous présenterons des observations aussi générales que possible, afin d'éviter l'examen de chaque contravention en particulier ; mais nous ne pouvons renoncer aux motifs qui militent pour l'annulation de chaque procès-verbal pris individuellement, et nous nous réservons, le cas échéant, de les faire valoir.

En divisant les retenues en deux grandes catégories, nous trouvons que les unes sont contraires à la lettre et à l'esprit du Cahier des charges, tandis que les autres sont en apparence conformes aux stipulations du traité.

La totalité des retenues sera partagée en quatre sections, suivant l'ordre des services, et, dans chaque section, nous indiquerons l'illégalité des retenues arbitraires, en les séparant de celles qui motivent des observations d'une nature différente.

SECTION PREMIÈRE.

SERVICE DU BALAYAGE.

Les retenues pour le service du balayage se subdivisent comme suit :

1° Retenues pour balayages si mal faits qu'on doit les considérer comme non faits.

2° ———— pour balayages non faits, tardifs ou mal faits sur des localités non comprises dans le tableau annexé au cahier des charges.

3° ———— pour balayages non faits, tardifs ou mal faits sur des ruisseaux;

4° ———— pour balayages non faits ou tardifs sur d'autres localités;

5° ———— pour ouvriers balayeurs non fournis ou désertant pendant le service des neiges et glaces;

6° ———— pour défaut ou insuffisance de sablage pendant l'hiver.

§ 1ᵉʳ. *Retenues pour balayages si mal faits qu'on doit les considérer comme non faits.*

Le premier Cahier des charges, rapporté déjà si souvent, imposait (art. 45) « une retenue de 10 centimes pour chaque mètre superficiel, *non balayé* ou MAL BALAYÉ.

Notre Cahier des charges nous soumet (art. 46.) « à une retenue de « trois francs par chacune des parties de la voie publique, non balayée et « de cinq centimes pour chaque mètre superficiel non balayé. » Le ba- layage *mal fait* n'y est *plus* reproduit.

Cette modification, *bien intentionnelle*, porte avec elle sa justification. En effet, on comprend comment un agent de l'Administration peut, soit par l'inspection des localités, soit par la surveillance du travail des ou- vriers, reconnaître l'absence complète de balayage et constater un fait ; mais on ne conçoit pas comment un agent subalterne, quelquefois un surnuméraire, puisse recevoir la mission d'apprécier le mérite d'un tra- vail, lorsque tant de circonstances le rendent souvent difficile et même impossible, lorsque tant d'accidents de toute nature contribuent à le mo- difier en peu d'instants.

Cette appréciation, cependant, est d'autant plus importante que la re- tenue serait de 60 fois le prix du travail, c'est-à-dire, hors de toute pro- portion avec ce prix.

Nous avons dit que beaucoup de circonstances rendaient le travail difficile ; effectivement le balayage doit être commencé de très bonne heure, et surtout au moment où la circulation permet encore de l'exécu- ter méthodiquement.

Or, à la fin de l'automne, et même au printemps, il gèle souvent à 5 ou 6 heures du matin, et le balai glisse sur le pavé couvert d'une terre durcie par le froid ; mais le soleil, en paraissant sur l'horizon, dilate l'atmosphère, et bientôt la croûte solide, que le balai n'avait pu entamer, s'amollit, se convertit en boue par la circulation active des piétons et des voitures, et détruit toutes les traces du balayage.

Souvent, en automne, quand tous les interstices du pavé sont remplis de la poussière de l'été, des pluies légères produisent des boues pois- seuses, qui résistent au balai et qu'on ne pourrait enlever que par des lavages, qui ne sont nullement obligatoires pour l'Entrepreneur.

D'un autre côté, dans beaucoup de localités, l'effet du meilleur balayage est détruit en peu de temps parce que les environs sont balayés avec moins de soin, ou ne le sont même pas. Ainsi, les ponts, et surtout le Pont-Neuf, sont tellement fréquentés, que les voitures y rapportent en peu d'heures la boue des rues voisines ; sur les boulevards et aux barrières, nous ne sommes chargés que de balayer les traverses, et en un instant toutes les traces de notre travail ont disparu, principalement lorsque des troupeaux de bœufs ou de moutons passent sur les boulevards extérieurs.

En balayant une localité, devons-nous enlever la boue qui n'y est pas et qui y sera apportée plus tard ? Voilà dans ce cas les termes précis de la question.

Il arrive assez souvent, dans les temps de sécheresse, que de grands vents soulèvent la poussière, et rendent le balayage impossible.

Quelquefois aussi des circonstances extraordinaires empêchent l'exécution d'un balayage régulier, comme cela arrive aux abords des travaux, qui se sont faits en si grande quantité à Paris depuis sept années.

Pour en donner un exemple, si le Conseil veut se faire représenter le rapport de l'inspecteur François, en date du 27 Novembre 1833, il verra qu'en constatant que la place du Panthéon était sur une superficie de 1,200 mètres *si mal balayée*, qu'elle devait être considérée comme *non balayée*, il déclarait « que la difficulté qu'éprouvent les balayeurs à net-« toyer convenablement cette place, vient en partie du transport des « matériaux et gravois provenant des travaux du Panthéon, et que pour « obtenir un bon service, il serait urgent que lesdits balayeurs se servis-« sent de pelles en fer pour en effectuer le grattage avant d'employer le « balai. » Ce rapport nous a coûté 63 francs !

Voilà donc un balayage si mal fait, qu'il doit être considéré comme non fait, parce qu'il avait lieu dans le voisinage de travaux extraordinaires pour lesquels les ordonnances de police n'étaient pas observées.

Ces exemples pourraient se multiplier à l'infini, et c'est justement pour éviter la responsabilité de difficultés insurmontables que les soumissionnaires, à une époque où il n'était nullement question des gigantesques travaux exécutés dans les sept dernières années, ont refusé d'accepter le Cahier des charges, où une retenue était stipulée pour le balayage *mal fait :* il a fallu l'effacer pour trouver un adjudicataire.

Si cependant, en contradiction formelle avec le traité, des balayages, réellement fictifs, pouvaient être punis d'une retenue, ce ne serait pas une raison pour appliquer l'amende à tout travail imparfait.

Réduits par la nature des choses à employer pour le balayage une population très difficile à discipliner, nous n'avons jamais eu la prétention que nos ordres aient toujours été exactement suivis, et que le balayage ait toujours été au-dessus de toute critique; mais si nos ouvriers ne font pas bien, leur travail sera :

Ou un balayage très mal fait,

Ou un balayage mal fait,

Ou un balayage insuffisant.

Ce ne sera pas toujours continuellement un balayage *si mal fait qu'il doive être considéré comme non fait*, ainsi que le disent les inspecteurs de la salubrité.

Il est aujourd'hui incontestable que cette subtilité de rédaction a été adoptée pour tous les balayages défectueux, quelle que puisse en avoir été la cause, soit variations de température, soit travaux de bâtisse, soit travaux de pavage, et que pour donner de la consistance à leurs rapports, les inspecteurs, sans comprendre la portée de leurs expressions, ont transcrit constamment la formule qui pouvait seule leur prêter de la force.

Si nous nous plaignons de l'inexactitude des rapports, pour l'appréciation véridique du travail, nous nous plaignons aussi de la légèreté avec laquelle ils ont été rédigés. Est-il croyable en effet que des localités immenses de 4,000 mètres, comme le quai de Jemmapes; de 4,702 mètres, comme le quai des Tournelles, etc., soient déclarés mal balayés ? Comment, dans des étendues aussi grandes, tout ce qui aura été fait est mal fait ? Tous les ouvriers sans exception auront mal travaillé ? Pas un coup de balai n'aura été donné avec soin ? cela n'est pas possible, et l'immensité de la constatation prouve déjà son inexactitude.

L'Administration a, dans le fait, constamment exigé de l'Entrepreneur un travail parfait, quelque grands que fussent les obstacles que dût rencontrer le balayage, et c'est précisément cette obligation que personne n'avait voulu prendre avec le premier Cahier des charges.

Nous ajoutons encore que la qualité du balayage, si l'Entrepreneur le devait parfait, ne serait pas entièrement abandonnée à l'arbitraire des appréciations de l'Administration; il y a une mesure, qui peut en faire juger; c'est le taux de l'indemnité de 2 centimes 1/2 par mètre et par mois, allouée par des experts pour les balayages supplémentaires. Quel résultat un ouvrier, obligé de balayer dans la matinée une superficie de 1500 mètres, obtiendra-t-il ? Il variera suivant les obstacles que font naître l'état de localité ou celui de la température.

Le Conseil remarquera en outre que le plus grand nombre des localités n'est pas balayé tous les jours, et qu'un travail qui n'est pas fait journellement ne peut pas manquer d'être moins complet que le balayage journalier exigé des habitants par les ordonnances de police.

Cependant l'Administration a toujours tenu à ce que des balayages faits à plusieurs jours, à plusieurs semaines d'intervalle, fussent également bien exécutés, parce qu'en nous obligeant, pour les faire 2 et même 3 fois dans l'espace de quelques heures, d'employer un plus grand nombre d'ouvriers, elle obtenait ainsi pour le service des neiges et glaces un maximum plus élevé.

En un mot, nous repoussons les contraventions de *balayages mal faits*, comme essentiellement contraires à l'esprit du Cahier des charges, duquel elles ont été solennellement effacées.

Il reste toutefois une objection, à laquelle nous devons répondre.

Quel moyen l'Administration aura-t-elle de contraindre l'Entrepreneur à exécuter sérieusement le service du balayage, et à ne pas éluder ses obligations par un véritable simulacre de travail?

Si l'Entrepreneur cherchait de cette manière à ne pas remplir ses engagements, et ce reproche ne peut nous être adressé, l'art. 47 indique à l'Administration la marche à suivre pour réparer les négligences qu'il se permettrait, c'est de faire exécuter par des ouvriers employés d'office, le travail qui n'aurait pas été fait complétement.

L'exécution d'office est peut-être deux ou trois fois plus chère que le prix du travail habituel, mais au moins n'en est-ce pas soixante fois la valeur, comme la retenue de cinq centimes par mètre superficiel.

L'Administration n'était donc pas dépourvue de tous moyens de répression, et il était inutile, pour maintenir l'Entrepreneur dans la limite de son devoir, de reproduire une pénalité, qui, nous ne pouvons trop le répéter, avait été expressément abrogée.

Les moyens de répression manqueraient même totalement, et ce n'est pas ici le cas, que ce ne serait pas même un motif pour qu'un contrat fût modifié sans le consentement de toutes les parties intéressées.

Nous présentons un état, n° 34, qui porte à 20,466 fr. 42 cent., les retenues qui nous ont été faites pour balayages mal faits, et nous en demandons la restitution.

§ 2. *Retenues pour balayages non faits, tardifs ou mal faits sur des localités non désignées au tableau annexé au Cahier des charges.*

Le Conseil se rappelle toutes les augmentations et les agrandissements de balayage qui nous ont été imposés contrairement au traité, et pour lesquels nous réclamons l'indemnité allouée par l'art. 2.

Cette indemnité a été fixée par des experts, à 2 cent. 1/2 par mètre et par mois, et il résulte du procès-verbal de leur délibération que le prix en a été basé sur celui que payait l'Administration des hospices à une compagnie particulière, et sur celui que nous avions nous-mêmes, le 29 Janvier 1834, demandé, pour le compte de notre employé, à l'occasion de quelques localités isolées, en concurrence avec la même compagnie particulière.

Ce prix de 2 cent. 1/2 ne peut donc comprendre la responsabilité d'une retenue de 5 centimes par jour ou de 1 fr. 50 cent. par mois, c'est-à-dire, soixante fois plus grande que le salaire, puisque aucun habitant ni aucune compagnie particulière, qui le représente, ne sont soumis à une pénalité aussi excessive, et qu'ils n'encourent que des amendes de simple police de 1 fr. à 5 fr., quelle que soit l'étendue non balayée.

Cependant l'Administration nous a fait des retenues pour défaut, retard ou défectuosité de balayage sur des localités, qui ne sont pas comprises au tableau annexé, et qui, ressortant de l'art. 2 ne sont pas susceptibles des stipulations de l'art. 46.

De ces retenues, il faut déduire celles de balayages mal faits qui pour 4,892 fr. 65 cent., sont comprises dans l'état n° 34; les autres s'élèvent, suivant l'état n° 35, à 6,891 fr. 20 cent., dont nous vous demandons la restitution.

§ 3. *Retenues pour balayages non faits, tardifs ou mal faits sur des ruisseaux.*

L'art. 3 est ainsi conçu : L'Entrepreneur sera tenu de terminer le balayage tous les jours à dix heures du matin pendant l'été, et à onze heures du matin pendant l'hiver.

L'heure de la fin du travail est indiquée, mais l'heure du commencement n'est pas fixée, et nos balayeurs se mettaient à l'ouvrage dès quatre heures du matin.

Cependant l'Administration nous a constamment interdit de commencer le balayage des ruisseaux avant sept heures, c'est-à-dire avant le moment où les habitants ont dû terminer le balayage que les ordonnances ont mis à leur charge.

Le but de cette mesure est de régulariser autant que possible le travail si incomplet des habitants ; mais c'est une nouvelle violation des clauses du Cahier des charges à signaler à l'attention du Conseil.

Il a dû nécessairement résulter souvent de ce que les ouvriers ne pouvaient commencer le balayage des ruisseaux avant sept heures en été et huit heures en hiver, qu'ils n'ont pu terminer ce travail à dix heures et à onze heures.

Les constatations sur les ruisseaux s'élèvent à 11,864 fr. 57 c. ; mais il faut en déduire celles concernant les balayages mal faits compris dans l'état n° 34, et celles qui se rapportent aux ruisseaux non compris dans le tableau annexé et qui figurent déjà dans l'état n° 33.

Les retenues, dont nous demandons ici la restitution, ne s'élèvent plus qu'à 6,166 fr. 32 cent., suivant l'état n° 36.

§ 4. *Retenues pour balayages non faits ou tardifs, sur les localités du tableau annexé au Cahier des charges.*

Nous demandons la restitution des retenues *pour balayage non fait ou tardif*, contre lesquelles nous ne présentons aucune objection spéciale, parce qu'elles ne feront encore qu'une faible compensation des excès de travail exigés de nous.

La retenue de cinq centimes par mètre superficiel équivaut à soixante fois le prix du travail, et les contraventions réduites dans la proportion des jours de service s'étendent à-peu-près à la millième partie des superficies qui ont été balayées ; l'on ne peut admettre que les désordres, dont la voie publique a été le théâtre depuis sept ans et que nous avons signalés, n'aient pas fait pour nous une surcharge infiniment supérieure à une défectuosité si minime.

D'un autre côté, il a été exigé de nous constamment un balayage parfait ; quelque grands qu'aient pu être les obstacles à vaincre ; nous y avons presque toujours réussi à force de sacrifices ; et, pour ne citer qu'un seul exemple, le Pont-Neuf a été chaque jour balayé à deux et trois reprises différentes, jusqu'à ce qu'il soit livré complétement propre à la fin du service, c'est-à-dire quand la circulation avait déjà plusieurs fois détruit le travail de nos balayeurs.

Mais cette perfection de travail n'était pas due par nous, et elle est la véritable cause des constatations de retards qui ont eu lieu.

Parlerons-nous des sacrifices sans nombre, faits pour arriver à la propreté quand les moyens ordinaires ne pouvaient réussir ? Que de tonneaux d'eau achetés pour faire disparaître le mortier qui couvrait le pavé !

Et que d'abus dans les retenues dont nous demandons la remise ! Nous citerons le procès-verbal du 14 Octobre 1838, par Thomas, de 6 fr. 30 c. pour six mètres, et du 20 Octobre 1838, par le même, de 3 fr. 50 c., également pour six mètres superficiels, *la 250ᵉ partie* du travail qu'un ouvrier fait pour 1 *franc*.

Enfin, la contravention n'a jamais consisté qu'en un simple retard sur des quartiers excentriques et devient absolument insignifiante quand on pense que pendant des années entières l'Administration a occupé 180 ouvriers à balayer, durant toute la journée, les localités les plus fréquentées, telles que les boulevards de l'intérieur, les ponts les plus passagers, les rues et les carrefours de grande circulation.

L'état n° 37 explique notre demande, qui se trouve réduite pour ce chef, à 16,318 fr. 10 cent.

§ 5. *Retenues pour ouvriers balayeurs non fournis, ou désertant pendant le service des neiges et glaces.*

Nous avons dû fournir en moyenne 400 ouvriers balayeurs, par jour, pour le service des neiges et glaces; il a été en sept années constaté l'absence ou la désertion de 368 ouvriers, soit 50 par année, lorsque la réquisition s'est quelquefois prolongée pendant 40 jours consécutifs.

L'infraction a été par conséquent extrêmement minime : elle est insignifiante, si l'on a le moindre égard à la classe d'ouvriers occupés à ces travaux, à la dureté excessive de la saison, et à la sévérité extrême de l'Administration, dont les agens considèrent comme absence ou refus de service la circonstance la plus légère ou la plus légitime.

La rigueur a été poussée à un tel point que des femmes enceintes, tombées en faiblesse durant les froids les plus intenses, ont été considérées comme désertant le service et sont venues grossir le nombre des constatations.

Nous demandons la restitution de ces retenues, puisqu'elles sont plus que compensées par les excès de travaux exécutés par ces mêmes ouvriers balayeurs. L'état n° 38, qui contient la totalité de ces retenues se monte à 1,179 francs.

§ 6. *Retenues pour défaut ou insuffisance de sablage pendant l'hiver.*

Le Cahier des charges ne fixe pas d'heure pour le sablage; il y a là une lacune que l'Administration a pris sur elle de combler en décidant qu'il serait exécuté dès le matin.

Mais la gelée se prononce le plus souvent à 5 ou 6 heures du matin : alors, si les approvisionnements sont sur place, on peut sabler aussitôt que les ordres sont donnés : s'il faut amener le sable des carrières, il est impossible qu'il ne s'écoule pas une demi-journée ou une journée avant que tous les points ne soient pourvus convenablement, attendu que 205 voies sont nécessaires.

Le Cahier des charges ne se prononce pas sur la faculté ou le droit de former sur place des approvisionnements de sable; l'Administration les a d'abord interdits; elle les a postérieurement autorisés : la transition d'un système à l'autre nous a coûté 1,800 francs de retenues, infligées le même jour dans des circonstances tout-à-fait extraordinaires et exceptionnelles.

Nous produisons le détail de notre demande dans l'état n. 39 qui s'élève à 3,320 francs.

SECTION II.

SERVICE D'ENLÈVEMENT.

Les retenues pour le service d'enlèvement se subdivisent comme suit :

1° Retenues pour défaut, retard ou défectuosité d'enlèvement constaté pendant l'heure dite de tolérance sur les quartiers excentriques depuis le 1er novembre 1835 ;

2° ———— pour défaut, retard et défectuosité d'enlèvement autres que les précédentes ;

3° ———— pour déversement ;

4° ———— pour déchargement sur la voie publique ;

5° ———— relatives aux plaques et sonnettes ;

6° ———— pour voitures non fournies ou abandonnant le service pendant les neiges et glaces ;

7° ———— pour voitures arrivées tardivement pendant le service des neiges et glaces ;

8° ———— pour ânes comptés comme force correspondante aux chevaux exigés pendant les neiges et glaces.

§ 1. Retenues pour défaut, retard et défectuosité d'enlèvement constatés pendant l'heure dite de tolérance, sur les quartiers excentriques, depuis le 1er Novembre 1835.

Nous avons dit que M. Savalète, admis verbalement dès la première quinzaine de mars comme Entrepreneur à la place de M. Jacob, ne fut reconnu officiellement en cette qualité qu'en se soumettant à signer le 29 Mai 1832 une lettre qui lui fut dictée par l'Administration,

Pour éviter le retour des scènes de désordre qui avaient troublé la Capitale dans le mois d'Avril précédent, il fallut renoncer au droit de commencer le service avant 7 heures et 8 du matin, et de mettre en activité des voitures à un collier après 4 heures du soir en hiver, et après 7 heures en été, et cela moyennant une heure de plus que le terme fixé par le traité pour le service de l'enlèvement sur les quartiers excentriques.

Trois ans et demi plus tard, cette convention fut annulée par M. le Préfet de Police, suivant sa lettre du 13 Octobre 1835, et l'heure dite de tolérance nous fut effectivement enlevée le 1er Novembre suivant.

Mais comme on n'avait pas rendu à l'Entrepreneur la double facilité, résultante du service du soir et du matin, telle qu'elle était écrite dans les articles 10 et 11 du Cahier des Charges, on comprend aisément combien la limite de 3 heures est souvent devenue insuffisante pour exécuter dans cet intervalle le service d'enlèvement, surtout dans les quartiers excentriques.

Des procès-verbaux pour défaut, retard ou défectuosité de service ont eu lieu sur ces quartiers excentriques pendant le cours de l'heure de tolérance ; ils ne peuvent donner valablement lieu à des retenues, qui cependant nous ont été, suivant l'état no 40, infligées jusqu'à concurrence de 27,895 fr. Nous en demandons la restitution.

§ 2. *Retenues pour défaut, retard et défectuosité d'enlèvement, autres que celles résultant de constatations sur les quartiers excentriques pendant l'heure de tolérance.*

Nous avons indiqué au Conseil combien l'Administration avait transgressé les stipulations du Cahier des charges, en nous obligeant à faire, en toutes circonstances, le service d'enlèvement dans des conditions, qui n'étaient déterminées que pour le cas où rien ne troublerait la marche habituelle des choses.

La première conséquence de cet abus a été de donner matière à des contraventions et à des retenues quand il n'y avait pas lieu, puisque l'article 46 dit : « Pour chaque portion de la voie publique où l'enlèvement « n'aurait pas été fait aux heures indiquées en l'art. 10, il sera retenu de « 15 à 30 fr. » et que l'art. 10 n'a rapport qu'au service *ordinaire* d'enlèvement.

Tous les procès-verbaux des époques et des quartiers où la construction des égouts, le pavage des rues, le placement des conduites, la création de nouveaux édifices, etc., ont successivement empêché la libre circulation de nos tombereaux, rentrent dans cette catégorie.

Les procès-verbaux des jours de déménagemens, lorsque les habitants jettent sur la voie publique des quantités excessives de literies en paille, et lorsque surtout ils les déposent tardivement aux pieds des chevaux, sont aussi de ce nombre.

Il faut y ajouter les procès-verbaux relatifs aux sables de pavage, aux gravois et autres matériaux qui se rapportent à l'art. 18, et qui ne peuvent être soumis aux conditions de l'enlèvement *ordinaire*, puisqu'ils ne doivent être enlevés que trois fois par semaine, et qu'ils constituent un véritable enlèvement *extraordinaire*. En outre, cet enlèvement devait être fait, *sauf recours contre les auteurs des dépôts*, et c'est encore un motif pour que l'Entrepreneur ne puisse être passible d'une retenue disproportionnée avec le prix du travail.

La seconde conséquence du système de l'Administration est qu'outre ces procès-verbaux sur des faits qui n'étaient pas de nature à être constatés, il y a eu beaucoup de contraventions très réelles, qui sont devenues inévitables, parce que des voitures supplémentaires, toujours prêtes en quantité suffisante pour parer, dans la limite de nos obligations, aux accidents imprévus, ont été retenues sur d'autres localités pour satisfaire à des exigences abusives et ont été empêchées de venir en temps utile réparer la faute.

Enfin, abstraction faite de ces motifs, nous demanderons s'il est bien possible que la perfectibilité soit imposée à l'Entrepreneur du Nettoiement, obligé d'employer une classe si infime de la population, quand la perfection n'est nulle part, dans les œuvres les plus précieuses, dans les travaux faits avec le plus de soin, le plus de temps et le plus de science? Le Cahier des charges, en stipulant une retenue pour un défaut, un retard ou une imperfection d'enlèvement, n'a pu vouloir rendre l'Entrepreneur passible d'une peine, plus considérable que 2 ou 3 *journées de travail d'une voiture à deux chevaux*, pour la négligence *partielle* d'un seul charretier sur les 350 qu'il employait : jamais il n'a pu être question d'appliquer des retenues exorbitantes à de simples accidents, inévitables en toutes choses, et principalement quand on est contraint d'employer un nombre considérable des plus grossiers de tous les ouvriers; il est évident qu'on a seulement entendu mettre, par la crainte de ces pénalités, un obstacle invincible à une habitude de fautes ou d'imperfections.

Nous avons aussi droit d'invoquer une compensation à tous les excès si immenses de travail que nous avons supportés sans aucune indemnité, car c'est sur nous seuls qu'est retombée toute la dépense du Nettoiement de la ville de Paris, débarrassée, pour la première fois, pendant notre Entreprise, de sa malpropreté originelle.

Du reste, l'Administration a donné elle-même la véritable mesure de l'inconvénient réel qui peut résulter d'un enlèvement non fait ou tardif, lorsque, pendant des années entières, elle a employé des ateliers nombreux de balayeurs, et fait former, sur les localités les plus fréquentées, des cordons de tas de boue, qui, commencés après le départ de nos voitures, restaient *toujours* sans enlèvement jusqu'au lendemain matin.

Quand un pareil désordre a été volontairement renouvelé mille fois, la Ville de Paris peut-elle dépouiller l'Entrepreneur de sommes importantes pour des contraventions qui, en comparaison, sont réellement insignifiantes?

Le Conseil appréciera sans aucun doute la justice de ces motifs généraux, et, sauf à nous demander, s'il devient nécessaire, de plus amples renseignements, ordonnera que le montant des retenues pour enlèvement non fait, tardif ou incomplet, s'élevant, déduction faite de celles sur les quartiers excentriques, suivant l'état n° 41, à 90,582 fr. 10 c., nous soit restitué.

§ 3. *Retenues pour déversements.*

Le Cahier des charges établit, art. 46, une retenue de 30 fr. pour les voitures *répandant* ou *laissant fuir les matières* sur la voie publique; c'est une amende énorme, et qui peut surtout devenir incommensurable dans l'application, si l'autorité n'y met pas quelque mesure; il est facile de comprendre qu'au milieu des rues passagères, les tombeliers, occupés tout à la fois à ramasser les immondices et à diriger leurs chevaux, laissent, par mégarde, échapper, dans le chargement, des parties de débris qui retombent sur la voie publique. C'est une faute qui, sans doute, doit être réparée; les inspecteurs ont le droit de l'exiger; mais, au lieu d'exiger cette réparation, dresser des procès-verbaux qui entraînent immédiatement une amende de 30 fr., voilà ce qui est excessif dans l'application.

Telle n'est pas la pensée de *notre* Cahier des charges, quand il prononce une amende aussi élevée; il a voulu pourvoir à l'inconvénient des voitures mal jointes, et qui pourraient laisser échapper dans le trajet une longue trace de boue liquide; c'est là ce qu'il faut entendre par *répandant* ou *laissant fuir les matières*; toute autre interprétation serait extensive et d'au-

12.

tant moins raisonnable, qu'une voie entière, déchargée en pleine rue, n'est punie que d'une amende de 15 à 30 fr.

L'Administration a ici excédé encore une fois le traité, dans le but, toujours le même, de nous obliger à augmenter le nombre de nos voitures.

Cette exigence qui n'est pas exprimée dans *notre* Cahier des charges, se trouve d'ailleurs expliquée par un Cahier des charges de 1818 à 1827, où on lit, art. 17 : « Il est défendu de charger les tombereaux à comble. »

Mais, à cette époque, l'enlèvement ne finissait qu'à 2 heures où même plus tard, et les tombereaux revenaient autant de fois qu'il était nécessaire pour l'achever.

Pour quel motif a-t-il fallu, au surplus, charger comble, surcharger, si l'on veut, nos voitures ? non pas pour y placer les immondices, que nous avions intérêt à enlever, mais pour les écraser du poids de tous les déblais que l'Administration a laissé mettre à notre charge par l'inexécution des ordonnances de police.

Ce travail devait nous ouvrir contre les auteurs des dépôts de gravois, sables et terres un recours en dommages intérêts, devenu complétement illusoire.

Réparant la faute d'autrui, faudra-t-il qu'outre la dépense principale, nous supportions encore des retenues pour déversements qui, suivant l'état n° 42, s'élèvent à 23,940 fr. ?

§ 4. *Retenues pour déchargement sur la voie publique.*

Dès que la limite du service *ordinaire* d'enlèvement n'existait pas, et qu'aucunes circonstances extraordinaires n'étaient admises comme excuses, il devenait indispensable que de petites infractions eussent lieu pour échapper aux conséquences de grandes infractions que commettait journellement l'Administration.

Ces déchargements sur la voie publique sont encore les effets des travaux de toute espèce qui se sont exécutés successivement sur toute la surface de la Ville.

Ces retenues détaillées, en l'état n° 43, s'élèvent en totalité à la somme de 1,250 fr., dont nous réclamons la restitution.

§ 5. *Retenues pour plaques et sonnettes.*

Les plaques ont été pour nous un objet de grande dépense ; la forme en a été modifiée très fréquemment, et tous ces changements sont toujours devenus le motif d'un grand nombre de procès-verbaux. Il semble impossible que des retenues d'argent nous soient, dans ce cas , appliquées pour des motifs qui sont à peine appréciables, et dont plusieurs ne sont pas même indiqués par le Cahier des charges. Beaucoup de ces constatations sont motivées sur ce que les plaques n'étaient pas clouées, qu'elles n'étaient pas revêtues de certains timbres, de certains signes, etc. Le Cahier des charges ne contient aucune obligation de ce genre.

A l'égard des sonnettes , bien plus coûteuses encore , elles sont destinées à prévenir du passage des tombereaux les habitants qui doivent remettre à nos charretiers leurs paniers d'immondices; mais chacun sait que ces dispositions des ordonnances de police ne sont observées par personne dans l'étendue de tout Paris , et que les ordures sont partout jetées sur le pavé, longtemps avant le passage de nos voitures.

La plupart des procès-verbaux pour défaut de plaques et sonnettes sont relatifs à l'enlèvement des gravois et autres déblais; quand, au milieu du service, il s'en trouvait plus que nos voitures ne pouvaient en charger, nos agents étaient obligés d'employer des voitures étrangères , auxquelles il manquait alors plaque et sonnette.

Si l'Administration n'avait pas exigé , contrairement au Cahier des charges, que cet enlèvement eut lieu dans les heures du service ordinaire, nos voitures auraient eu le temps de revenir, et ces contraventions auraient été évitées.

D'ailleurs , depuis que la Préfecture de Police gère elle-même le Nettoiement, aucune voiture n'est plus munie de sonnette, et nous ne voulons pas d'autre preuve de leur complète superfluité.

En raison des excès de travaux qui nous ont été imposés , nous demandons que les retenues pour plaques et sonnettes , détaillées dans les états n°s 44 et 45 nous soient remises ; elles s'élèvent à 5,725 fr.

§ 6. *Retenues pour voitures non fournies ou abandonnant le service des neiges et glaces.*

Aucunes retenues ne nous ont été plus pénibles que celles-ci, parce qu'elles ne représentent que de simples fautes de discipline qui n'ont pu causer aucun préjudice à la ville de Paris.

Quand vient le service des neiges et glaces, tout est changé; les charretiers habitués en temps ordinaire à accomplir leur tâche avec toute la célérité possible , sont tenus alors beaucoup moins à travailler qu'à exécuter avec ponctualité les mouvemens qui leur sont commandés. Ils sont organisés par brigades qui doivent partir, revenir, se reposer en même temps; ils ne peuvent pas s'astreindre à tant de régularité, et la faute n'est donc la plupart du temps qu'une erreur, les charretiers croyant qu'il faut travailler avec promptitude, tandis qu'il ne s'agit que de se mouvoir avec régularité.

Il survient aussi beaucoup d'accidents qui sont interprétés à mal.

Nous avons enfin à nous plaindre des quantités de neiges qu'au mépris des ordonnances les habitans apportent dans les rues; il est fort possible qu'elles soient enlevées par les voitures supplémentaires de l'Administration, mais il est du moins très certain que les dépôts, où elles sont portées, sont *au dégel* totalement déblayées par nos voitures, et que nous souffrons encore sous ce rapport de l'inexécution par les habitants des ordonnances de police.

Nous réclamons donc, comme compensation bien chétive d'un dommage très considérable, la restitution des retenues qui nous ont été faites par l'application abusive d'une pénalité excessivement rigoureuse. Elles s'élèvent à 8,500 fr. détaillées en l'état n° 46.

§ 7. *Retenues pour voitures arrivées tardivement pendant le service des neiges et glaces.*

Le Cahier des charges qui fait notre loi, dit, à l'art. 46 : « Pour chaque « cheval attelé ou pour *la force correspondante en cas d'emploi d'un* « *autre moteur,* au-dessous de l'effectif que l'Entrepreneur est tenu de « fournir pour le service des neiges et glaces, ou qui abandonnera le ser « vice dans le courant de la journée, la retenue est fixée à 10 *francs.*

Deux cas de pénalité sont ici prévus, celui de non fourniture et celui d'abandon; l'autorité en applique un troisième, celui de l'*arrivée tardive :* elle considère comme non fournies, toutes les voitures qui, arrivées au rendez-vous après sept heures du matin, n'en travaillent pas moins toute la journée.

Cette interprétation est mal fondée en droit et en fait.

A l'égard du droit, nous nous bornerons à dire que si le Cahier des charges n'a pas stipulé en termes précis qu'il y aurait une retenue pour les voitures, qui se présenteront après sept heures, il ne peut être suppléé à son silence par la seule volonté d'une des parties contractantes.

A l'égard du fait, il est difficile, presque impossible, et toujours superflu (l'Administration l'a reconnu par une lettre), d'astreindre les voitures à être présentes au rendez-vous de sept heures.

D'abord les voitures, arrivées à sept heures du matin, dans le moment desgrandes gelées, ne trouvent aucune occupation avant huit heures et même huit heures et demie, parce qu'elles sont destinées à enlever des neiges et glaces, qui doivent, au préalable, être piochées et relevées par les ouvriers du balayage.

Ceux-ci sont également convoqués pour sept heures; il faut alors faire l'appel nominal, il faut les compter, les diriger sur divers points, les mettre en œuvre, et ce n'est que lorsque toutes ces opérations ont été achevées et lentement achevées, lorsque les balayeurs ont péniblement, avec des pioches, arraché la glace des ruisseaux congelés, que les voitures peuvent ommencer à charger.

Avant ce moment leur présence est donc inutile; bien plus, les chevaux échauffés par une course déjà longue, restent longtemps exposés, sans mouvement, à toutes les conséquences dangereuses d'une température glaciale; c'est une considération d'une grande importance.

M. le Préfet de Police partageait cet avis en 1834, lorsqu'il écrivait, le 23 Janvier, à l'Entrepreneur :

« Je suis informé que les voitures de l'Entreprise du Nettoiement, qui « doivent commencer leur service dès sept heures du matin, demeurent « pour la plupart inactives jusque passé huit heures. »

« Cette inaction résulte de ce que les ouvriers du balayage n'ont pas en-« core, à cette heure, relevé les glaces en assez grande quantité pour que les « voitures puissent opérer leur chargement. »

En second lieu, est-il possible que les voitures du Nettoiement soient toutes exactement rendues sur les lieux à sept heures du matin? Non, si l'on considère qu'un fer qui se détache, qu'un cheval qui tombe, que mille accidents inévitables sur une telle quantité de voitures, doivent nécessairement occasionner des arrivées tardives.

Des fautes involontaires portent-elles préjudice à la ville de Paris? Elle n'a aucunement à en souffrir; car les cultivateurs, qui venant de fort loin arrivent principalement, il est vrai, après l'heure du rendez-vous, mais encore avant le moment du travail, font autant de voies que les autres charretiers, et, de l'aveu des inspecteurs de la salubrité, chargent leurs voitures plus que personne.

Ces rigueurs excessives, que le Cahier des charges n'autorise pas, ne nous semblent donc même justifiées par aucune nécessité, et elles nous ont été d'autant plus pénibles dans l'hiver de 1837, que c'était pour la première fois pour ainsi dire, depuis six ans, qu'elles avaientlieu. La prétention que l'Administration élevait nous a porté le préjudice le plus grave, en nous aliénant les cultivateurs dont le concours nous était indispensable , et qui venant en hiver par des chemins couverts de verglas , craignaient de s'astreindre à une obligation trop précise et si rigoureuse.

Il y a eu aussi des voitures qui , arrivées un peu trop tard et reparties un peu trop tôt, ont été punies d'une double amende d'arrivée tardive, et d'abandon de service, quoiqu'elles aient travaillé autant que les autres.

Les retenues pour arrivées tardives s'élèvent, suivant l'état n° 47, à 17,920 francs, dont 1,680 fr. s'appliquent à des ânes : nous en demandons la restitution.

§ 8. *Retenues pour ânes.*

L'art. 46 du Cahier des charges, que nous avons déjà cité, porte : « *Pour chaque cheval attelé ou pour la force correspondante* , en cas « d'emploi d'un autre moteur , la retenue sera de 10 fr. »

Qu'a-t-on entendu par *un autre moteur ?* un mulet ou un bœuf ,sans doute , mais certainement pas un âne.

Nos cultivateurs les attèlent devant leurs chevaux, moins encore pour augmenter leur force de traction , que pour maintenir horizontaux les limons , qui , dans les montées , à la sortie de Paris , tendent toujours à enlever le cheval : c'est un secours utile , surtout dans ces occasions.

Aux ponts à bascule , les ânes ne sont pas comptés dans les attelages. Mettre en comparaison la force d'un âne avec celle d'un cheval, c'est exprimer une erreur trop palpable pour qu'il soit nécessaire de s'en expliquer davantage. Il y a plus , les cultivateurs se réunissent plusieurs , quelquefois huit ou dix pour exploiter la même voiture , tantôt traînée par un petit cheval et un âne, tantôt par un fort cheval , qui , tout seul , vaut mieux que l'autre secondé par un âne. Si la réquisition est établie sur un jour où un âne a paru , on le demande ensuite pour tous les jours , quoiqu'il ne travaille régulièrement qu'une seule fois par semaine.

En général , l'intervention des cultivateurs dans le service du Nettoiement est une nouveauté qui n'a pas été prévue par le Cahier des charges : elle a donné lieu à des difficultés qui ont été constamment résolues par l'Administration contre l'Entrepreneur, sans avoir égard à l'avantage que la Ville retirerait du système qu'il créait. En aucun cas l'équité ne peut souffrir qu'il soit infligé à un cultivateur une amende de 20 francs au lieu de 10 fr., par ce seul motif que son cheval était trop faible pour ne pas être aidé par un âne.

Les retenues relatives aux ânes qui n'ont pas été fournis, ou qui ont abandonné le service, s'élèvent à 760 fr., suivant l'état n° 48.

SECTION III.

SERVICE DU CURAGE DES ÉGOUTS.

Les retenues pour le service du curage des égouts se subdivisent comme suit :

1° Retenue pour ouvriers non fournis ou désertant le service ;

2°   —   pour bottes défectueuses ;

3°   —   pour outils manquants ou défectueux.

§ 1. *Retenues pour ouvriers non fournis, ou désertant le service.*

Le nombre de ces contraventions deviendrait imperceptible, si on en écartait celles qui ne sont pas conformes aux clauses du Cahier des charges.

Par exemple, l'Entrepreneur est chargé d'enlever les sables extraits des égouts : il est tenu de fournir des voitures, sans qu'aucune pénalité soit stipulée pour le cas où il ne les fournirait pas.

Il est arrivé le 1ᵉʳ Août et le 8 Novembre 1838, que les voitures, retardées involontairement dans leur marche, ne sont pas arrivées assez promptement sur le lieu du travail.

Les inspecteurs ont alors licencié les ateliers en les considérant comme non fournis, et il en est résulté des retenues une fois de 60 francs, et une fois de 45 francs, à raison de 5 francs par ouvrier.

Il faut chercher le prétexte de ces procès-verbaux dans le premier Cahier des charges si souvent cité ; on y lit art. 29 · « L'Entrepreneur emploiera « au service d'extraction le *nombre suffisant* de voitures à deux colliers, » et, art. 56 : « Pour chaque voiture d'égout non fournie il sera retenu 10 fr. » Cette stipulation a été supprimée dans notre traité, et quand il est arrivé que des accidents imprévus ont empêché l'exacte arrivée ou le prompt retour de la décharge de nos voitures, on a créé une pénalité qui n'existait pas, en licenciant les ouvriers, qui ont été considérés comme non fournis.

Il y a eu également des ouvriers insubordonnés, quelques-uns se sont enivrés, d'autres se sont égarés dans les rues de Paris, ou se sont enfuis en volant les outils.

Peut-il en être autrement quand 25,000 ouvriers sont fournis chaque année ?

Nous aurions bien des griefs, bien des plaintes à détailler au sujet des égouts : qu'il nous suffise de rappeler que ce service a été l'objet d'économies importantes dont nous avons doté la Ville.

L'état n° 49, qui est relatif aux ouvriers non fournis ou désertant le service, s'élève à 1,040 fr.

§ 2. *Retenues pour bottes défectueuses.*

C'est encore une fois l'application d'une clause d'un Cahier des charges qui n'est pas le nôtre : dans le premier, resté sans soumissionnaire, on lit :
« Pour chaque paire de bottes qui n'aura pas été fournie en temps utile, il
« sera retenu 50 fr.,et pour chaque paire de bottes hors d'état de service ,
« il sera retenu 10 fr. »

L'on conçoit combien il est difficile d'apprécier si des bottes d'égouttiers sont ou ne sont pas en état de service. C'était là une porte trop grande ouverte à l'arbitraire, et tous les soumissionnaires reculent devant de pareilles clauses ; il a fallu effacer celle-ci, et nous ne pouvons la subir.

Nos ouvriers étaient chargés de l'entretien de leurs bottes, et devaient veiller à leur conservation : ils ne se sont jamais plaints; mais les inspecteurs de la salubrité les obligeaient de se déchausser, pour constater une défectuosité imperceptible.

Ces retenues s'élèvent, suivant l'état n° 50, à la somme de 560 fr.

§ 3. *Retenues pour outils manquants ou défectueux.*

Le matériel des égouts a été très sensiblement amélioré par notre entreprise; les outils détaillés dans l'art. 25 sont les seuls qui nous aient été livrés au commencement de notre bail, et nous en avons augmenté le nombre de tous ceux que le besoin d'exécuter plus de travail avec moins d'ouvriers a fait imaginer.

C'est une des causes de la réduction de dépenses que nous avons obtenues et nous avons éprouvé, pour prix de notre industrie, des rigueurs nouvelles. On a appliqué la retenue annoncée par l'art. 46, à des outils de notre création et dont l'usage n'avait pas été prévu.

D'un autre côté, un outil quelque peu défectueux a été considéré comme non fourni; une échelle dont un échelon était faible était regardée comme manquante : notre Cahier des charges ne renferme rien qui autorise de pareilles constatations, et nous signalons l'habitude des inspecteurs, de dénaturer un fait par leur appréciation , comme ils en ont constamment agi pour le balayage, l'arrosement et les outils, qu'ils considèrent comme non faits ou comme manquants, parce qu'ils les trouvent simplement défectueux.

Nous réclamons ici, suivant l'état n° 51, une somme de 255 fr.

SECTION IV.

SERVICE D'ARROSEMENT.

Les retenues pour le service d'arrosement se subdivisent comme suit :
1° Retenues pour arrosement non fait ou mal fait ;
2° — pour charretiers âgés de moins de 18 ans.
Nous y joignons :
3° Retenues pour la présence d'employés exclus du service.

§ 1. *Retenues pour arrosement non fait ou mal fait.*

Le service d'arrosement est le plus pénible de ceux dont nous étions chargés, parce que pour arroser il faut avoir de l'eau, et qu'à Paris il est extrêmement difficile de s'en procurer. On ne peut en prendre ni au canal Saint-Martin, ni à la rivière, ni aux bornes-fontaines : il faut s'adresser à la Ville, qui en vend sans garantir qu'elle sera livrée sans interruption.

Il y aurait donc eu à décider si l'Entrepreneur est responsable des cas de force majeure, qui empêcheraient la Ville de lui fournir l'eau qu'elle lui avait vendue.

Heureusement nous sommes toujours parvenus à suppléer, par des sacrifices, aux chômages des prises d'eau, et nous n'avons à réclamer que les retenues motivées sur quelques accidents.

Ici la pénalité est de 250 fois le prix du travail ! et, en sept années, la totalité des constatations n'a produit que 4,618 fr. 30 cent.

C'est le résultat de quelques malentendus de charretiers, arrosant des localités non dues, au lieu de celles qui sont portées au Cahier des charges, de quelques accidents provenant de roues cassées, et souvent de défectuosités de service, désigné *comme si mal fait*, *qu'il doit être considéré comme non fait.*

En vain cette dernière clause *d'arrosement mal fait*, qui figurait dans le premier Cahier des charges, a-t-elle été biffée dans le nôtre ; elle n'en est pas moins appliquée, et nous avons à nous plaindre, bien moins de quelques retenues illégales, que de l'excès de travaux qui nous ont été imposés à l'aide de cette pénalité ; elle n'a pu être mille fois évitée qu'en arrosant le même point à deux et trois reprises successives.

La restitution des sommes retenues, quand elles nous auraient été im-

13.

posées justement, ne serait encore qu'un bien modique dédommagement du tort que nous avons éprouvé dans le service d'arrosement.

L'état n° 52 s'élève à 4,618 fr. 30 c.

§ 2. *Retenues pour charretiers âgés de moins de 18 ans.*

Il est difficile de savoir exactement l'âge des jeunes gens par lesquels les louageurs de l'arrosement font conduire les tonneaux ; parmi les ouvriers , il y en a beaucoup de fort petits, qui paraissent moins âgés qu'ils ne le sont véritablement.

Du reste , il ne s'agit ici que de 525 fr., détaillés dans l'état n° 53.

§ 3. *Retenues pour présence d'employés exclus du service.*

La somme de 125 fr., que nous réclamons pour cet objet, nous donne l'occasion de signaler l'une des plus graves infractions peut-être que l'Administration se soit permise contre le traité.

Lorsque la Préfecture de Police s'étudiait à priver notre Entreprise de tous ses moyens d'économie, pour nous contraindre à cette augmentation de voitures qui nous a ruinés, elle n'a trouvé dans les retenues du Cahier des charges aucune stipulation qui pût assez promptement favoriser ses projets ; et elle a suppléé à ce silence du traité en excluant du service ceux de nos charretiers ou de nos employés qui avaient enfreint ses prescriptions les plus abusives.

Ce sont encore une fois des réminiscences de l'ancien ordre de choses ; l'Administration n'a pas oublié que jadis elle dirigeait le service, et maintenant que toute la responsabilité , qu'une responsabilité exorbitante pesait sur un Entrepreneur, elle a voulu encore s'immiscer dans les moyens d'exécution laissés à notre discrétion par le Cahier des charges.

Qu'une voiture de terre ou d'immondices soit déposée sur la voie publique , une faute aussi énorme n'était punie que d'une retenue de 15 à 30 fr. : mais si notre employé , pris au dépourvu, cherche à éviter le scandale et décharge momentanément une voie ou deux dans un terrain particulier pour se hâter de débarrasser les rues qu'il ne sait plus achever autrement , comme ce fait n'est pas puni par le Cahier des charges, et qu'il ne pourrait pas même l'être, parce qu'il n'est pas répréhensible en lui-même, l'Administration prononce l'exclusion temporaire ou définitive , frappe d'un même coup l'employé et le maître, et, au défaut d'une légère pénalité , en crée une que nous regardons comme beaucoup plus dangereuse qu'une retenue de quelques centaines de francs , parce qu'elle est de nature à compromettre complétement le service sur une et même plusieurs divisions.

C'est ainsi que l'Administration est devenue souveraine arbitre de la destinée de l'Entrepreneur : toutes nos représentations ont été complétement inutiles.

Les exclusions se sont multipliées sous cent prétextes différents ; quiconque se prenait de querelle dans les rues avec les ouvriers de l'Entreprise, et adressait des plaintes à la Préfecture de Police, faisait exclure du service ces malheureux, que la moindre explication suffisait pour justifier, quand nous avions connaissance de l'accusation, c'est-à-dire quand l'arrêt sans appel était prononcé et recevait son exécution.

L'exclusion nous a même, pour des motifs frivoles, privés de notre inspecteur général, qui était l'âme de notre service, qui a opéré la majeure partie des réductions obtenues dans le curage des égouts, et qui, employé auparavant dans la salubrité, s'y était éminemment distingué à l'époque du choléra.

Toute subordination s'est donc trouvée détruite dans une Entreprise où une discipline sévère est si indispensable : il n'y avait à de pareils abus qu'un seul remède, l'abandon du service.

L'état n° 54 contient le détail de cette réclamation, qui s'élève à 150 francs.

RECAPITULATION.

La totalité des retenues s'élève à.................. 238,079 fr. 49 c.
En déduisant, comme contraires à la lettre du Cahier
  de charges, les retenues suivantes :

Pour balayages mal faits, suiv' l'état n° 34. 20,466ᶠ 42ᶜ
—   sur les localités imposées. 35. 6,891ᶠ 20ᶜ
—   sur les ruisseaux........ 36. 6,166ᶠ 32ᶜ
Pour défaut, retard ou défectuosité
  d'enlèvement sur les quartiers excentriques...................... 40. 25,895ᶠ «
Pour voitures arrivées tardivement
  pendant le service des neiges et
  glaces.................... 46. 17,920ᶠ «
Pour les ânes considérés comme chevaux..................... 47.   760ᶠ «
Pour plaques non clouées......... 44.   460ᶠ «
Pour plaques non timbrées........ «   240ᶠ «
Pour boîtes et outils d'égouts défectueux..................... 51.   556ᶠ «

                            79,348, 94

Il reste................ 158,730 fr. 55 c.

À l'égard de la somme de 79,348 francs 94 centimes, nous avons démontré que les procès-verbaux sur lesquels reposent ces retenues, ne sont pas justifiés par la lettre du Cahier des charges. Bien plus, l'omission de ces pénalités, dont la plupart figuraient dans un précédent Cahier, est une preuve complète de la volonté expresse de ne pas les infliger à notre Entreprise ; il ne saurait à ce sujet rester le moindre doute.

Quant à la somme de 158,730 fr. 55 cent., si nous n'avons pas à présenter des arguments aussi positifs, nous devons cependant faire valoir des considérations tellement puissantes, qu'elles détermineront sans aucun doute le Conseil à ordonner que la totalité nous en soit également restituée.

Lorsque toute l'économie d'un contrat est renversée par la volonté d'une seule des parties, peut-elle ne conserver de toutes les clauses qui le constituaient que celles qui, sur le prix, stipulent en sa faveur des retenues exorbitantes, et dont la sévérité se trouve encore agrandie par leur isolement de toutes les autres conditions ?

Si le traité avait été observé par l'Administration, il ne nous resterait aujourd'hui qu'à montrer qu'il est inévitable que dans un service aussi compliqué que celui du Nettoiement, il ne se commette pas des fautes, et même beaucoup de fautes, et que des imperfections de travail sans importance réelle et sans aucune conséquence, ne doivent pas, en équité, donner lieu à la perte, pour l'Entrepreneur, de capitaux aussi considérables que ceux que nous réclamons.

Mais, sans nous arrêter à relever la futilité des contraventions, qui portent très souvent sur un tas de la longueur de 5o centimètres, 1o centimètres, même 6 centimètres, sur une jointée de poussière laissée à terre, comme il résulte des procès-verbaux, nous négligeons ces observations, et nous fondons notre demande sur la destruction par la Préfecture de Police des conditions fondamentales du Cahier des charges.

Ce n'est pas que nous regardions l'Entreprise comme autorisée à enfreindre le traité, parce qu'il a été enfreint par l'Administration ; les efforts constants que nous avons faits pour satisfaire, sans sortir des limites du Cahier des charges, aux exigences les plus excessives, sont une preuve suffisante de notre volonté formelle de nous maintenir toujours à l'abri de tout reproche.

Mais nous nous croyons autorisés à demander au Conseil une *impunité* complète pour toutes les infractions, qui ont été constatées, parce que nos fautes légères ont été ENGENDRÉES par les erreurs graves que l'Administration a commises, nonobstant nos continuelles observations.

Il est de la dernière évidence qu'un Entrepreneur que l'on contraint

d'exécuter, dans le court espace de *trois* heures, au lieu du service *ordinaire* d'enlèvement, TOUT le service quelque disproportionné que puissent
le faire les circonstances les plus *extraordinaires*, se trouve placé dans
une position tellement exceptionnelle qu'il est obligé, par la nature même
des choses, de détourner son attention de quelques détails sans importance pour la reporter tout entière sur les points les plus essentiels.

Qui nous contestera à nous, qui avons fait infiniment mieux qu'on
ne l'avait jamais osé espérer, qui avons fait infiniment plus que nous ne
nous étions engagés de faire, que nous aurions évité complétement toutes
espèces d'infractions si l'Administration avait montré autant de respect
que nous-mêmes pour le Cahier des charges, et si, en nous enfermant
dans un cercle de trois heures, elle ne nous avait écrasés sous d'énormes
aggravations de service ?

Nous devons aussi renouveler les réserves que nous avons déjà faites de
produire, s'il devenait nécessaire, les motifs qui invalident chaque procès-
verbal pris individuellement, et qui ne peuvent trouver place dans le présent mémoire.

Nous nous résumons en disant que nos fautes résultent des erreurs de
l'Administration, et que nous ne pouvons en supporter la peine, surtout
au profit de la Ville de Paris que la Préfecture de Police représente.

CHAPITRE III.

RESTITUTION DU CAUTIONNEMENT DE 300,000 FRANCS DÉPOSÉ PAR LES HÉRITIERS GUENOUX.

Le Cahier des charges contient les clauses suivantes :

Art. 5o. « *Pour garantie de l'exécution des clauses du présent Cahier
« des charges,* l'Entrepreneur versera à la Caisse des dépôts et consigna-
« tions un cautionnement de 3oo,ooo fr. en numéraire, ou en rentes cinq
« pour cent, quatre et demi, quatre et trois pour cent, au prix du cours
« de la Ville. Du jour de l'adjudication, ce cautionnement sera constaté
« par acte authentique reçu, après l'adjudication, par le notaire de la
« Préfecture de police, aux frais de l'Administration. »

« Les intérêts ou arrérages de ce cautionnement seront touchés à chaque
» échéance par les adjudicataires. »

Art. 55. « Le cautionnement fourni par l'Entrepreneur sera affecté au
« paiement, 1º des diverses dépenses qui auront été faites par l'Adminis-
« tration, soit en raison de la négligence qu'il aura apportée dans son
« service, soit par suite de l'*abandon* qu'il en aura fait, soit par une des

« causes emportant résiliation, ainsi qu'il est spécifié en l'art. 53 ; 2° de
« l'augmentation du prix qui pourra résulter d'une nouvelle adjudication,
« ou de la mise en régie, si l'Administration le jugeait nécessaire. »

Il est arrivé que l'Entrepreneur a fait *abandon* du service ; il peut arriver
que, par suite de cet événement, l'Administration soit entraînée dans des
dépenses imprévues ; *le cautionnement de 3oo,ooo fr., donné en garantie
de l'exécution des clauses du présent Cahier des charges* sera-t-il affecté
au paiement de ces dépenses ?

La solution de cette question est nécessairement dans l'examen des causes
qui ont contraint l'Entrepreneur à faire abandon de son service.

Si nous prouvons que nous avons exactement observé toutes les clauses
du Cahier des charges, bien plus, qu'il n'est pas une partie du service que
nous n'ayons exécutée avec plus de perfection et dans une proportion plus
grande qu'il n'avait été stipulé, si nous prouvons, au contraire, qu'il est à
peine quelques-unes des nombreuses clauses du Cahier qui n'aient été vio-
lées par l'Administration, nous sommes autorisés à demander au Conseil
la restitution du cautionnement versé à la Caisse des dépôts et consignations.

Il serait difficile de trouver un Cahier des charges dont le système fût
plus sévère que celui de l'entreprise du Nettoiement : on conçoit cette rigi-
dité, en réfléchissant à la nature du service si indispensable pour l'aspect,
pour la propreté, pour la salubrité d'une grande ville, où les jouissances
du luxe et les besoins du travail concentrent une immense population.

Dans le but d'empêcher que ce service ne puisse être jamais, non pas
complétement interrompu, mais même sérieusement négligé, il a été établi
que des contraventions qui s'élèveraient par mois à 15,ooo fr., suffiraient
pour motiver de plein droit la résiliation de l'adjudication, et par conséquent la perte probable d'un cautionnement de 3oo,ooo fr.

Des contraventions de 15,ooo fr. par mois ou de 5oo fr. par journée
pourraient résulter chaque fois d'une infraction peu considérable compa-
rativement avec la totalité du service.

Ainsi un balayage (1) non fait, ou tardivement fait, de 10,000 mètres,
c'est-à-dire d'une localité grande comme la moitié de la place Vendôme,
grande comme le port d'Orsay ; un arrosement (2) non fait ou tardivement

---

(1) Un ouvrier balaie par jour 1,5oo mètres ; six sont suffisants pour 10,000 mètres,
et nous en occupions 6oo.

(2) Il y a eu été deux services par jour. Un tonneau arrose par service 9,000 mètres ; un
seul suffit donc pour arroser à peu près le double de 5,000 mètres ; nous avons employé
journellement 7o tonneaux.

fait de 5,000 mètres, c'est-à-dire d'une localité grande comme l'allée d'Antin ; ainsi un enlèvement (1) non fait ou tardivement fait sur 2000 mètres, c'est-à-dire sur une étendue égale à la rue du Faubourg-Saint-Denis ou à celle du Faubourg-St-Antoine, sur la 300ᵉ partie environ de l'étendue totale de Paris, si l'une ou l'autre de ces infractions s'étaient répétées chaque jour d'un mois, auraient suffi pour motiver la résiliation de l'Adjudication.

Si l'Entrepreneur n'avait pas pu ou voulu employer les moyens suffisants pour exécuter le service, il se serait ainsi trouvé immédiatement expulsé.

Rien de pareil ne peut nous être reproché ; car l'ordre donné à nos agents a toujours été de faire le service *régulièrement*, COUTE QUE COUTE et A TOUT PRIX.

Les constatations faites avec une rigueur excessive, avec une rigueur sans exemple, puisqu'on a constaté des défauts de balayage de 6 mètres superficiels, des défauts d'enlèvement de 0ᵐ,10 en longueur et même de 0ᵐ,06 cubes, n'ont jamais, quelque contraires qu'elles aient pu être aux stipulations du traité, dépassé à quelques exceptions près, un maximum de 5,000 fr. par mois.

Il est donc constant que nous avons toujours exécuté complétement le service, quelque immense que les exigences illégales de l'Administration aient pu le faire.

Il y a plus ; dans toutes les parties, nous avons apporté des améliorations de la plus haute importance.

Pour le balayage, nous avons introduit parmi les ouvriers une discipline sévère, qui, appuyée sur une extrême promptitude dans le paiement des salaires, nous a donné le moyen d'exiger un excellent travail : en employant à ce service les releveurs de l'enlèvement, nous avons doté la Ville d'une économie annuelle de............................ 58,400 fr.

Pour l'enlèvement, nous avons créé une organisation nouvelle, basée sur la coopération directe des cultivateurs de la banlieue, qui produira à la Ville, par année, une économie (2) d'au moins... 350,400 »

A reporter...... 331,800 fr.

(1) Dans les quartiers excentriques, une voiture peut desservir beaucoup plus de 2,000 mètres.

(2) Les voitures étaient payées par la Préfecture de Police 10 francs en moyenne ; nous avons obtenu une réduction si considérable, qu'un certain nombre ne recevait même plus de salaire en argent. Si nous calculons seulement sur une diminution de 3 francs par jour ou de 1095 francs par an et par voiture, nous trouverons pour 320 voitures une somme totale de 350,400 fr.

14

Report............... 331,800 fr.

Il est reconnu que jamais on n'avait conçu pour ce service la perfection que nous avons réellement obtenue.

A l'égard des égouts, notre succès n'est pas plus contestable. Là, nous avons eu un instant de liberté, et le nombre des ouvriers resté, pour le curage de 120,000 mètres, égal à celui qui était nécessaire jadis pour 40,000 mètres, témoigne suffisamment de notre succès : nous comptons cette économie (1) pour... 127,750 »

C'est donc ensemble une somme annuelle de............ 536,550 fr. que notre industrie a épargnée à la ville de Paris, et ces innovations ne sont pas d'une nature éphémère ; elles seront prises en considération par le futur adjudicataire, et réduiront d'autant le chiffre de la soumission.

Obligés d'abandonner le service, nous l'avons exécuté complétement jusqu'au dernier jour, nous avons fait tous nos efforts pour qu'il n'éprouvât pas la moindre interruption ;

Nous avons donc observé exactement toutes les clauses du Cahier des charges, jusqu'au jour où l'épuisement de nos ressources nous a contraints de nous arrêter.

Nous n'avons pas, à proprement parler, abandonné le service ; nous en avons été expulsés par l'Administration, qui a enfreint successivement et dans une proportion inouïe toutes les stipulations du traité.

L'Administration a enfreint l'art. 1er en augmentant *de plus des trois quarts en sus*, les travaux que nous étions tenus de faire suivant l'état de balayage annexé au Cahier des charges.

Elle nous a refusé l'indemnité stipulée par l'art. 2, pour les balayages dits par échanges.

Elle nous a obligés, au mépris de l'art. 8, d'exécuter le service d'enlèvement dans les rues non pavées, où nous n'en devons aucun.

Elle s'est efforcée d'augmenter les charges du service *ordinaire* d'enlèvement, afin de disposer de plus de chevaux pour les temps de neiges et glaces, et nous a contraints, de cette manière, de mettre en mouvement jusqu'à 50 voitures de plus, qu'il n'était nécessaire pour notre service *ordinaire*.

---

(1) Nous supposons qu'on a évité par les moyens d'exécution qui ont été adoptés, l'emploi par jour de 70 ouvriers bottés, outillés et accompagnés de voitures d'extraction à 5 fr. par jour.

Elle nous a privés, soit du service du soir et de l'anticipation sur celui dumatin, soit de l'heure de tolérance.

Elle a souffert, malgré la protection qui nous était promise par les ordonnances de police, que les désordres les plus graves aient lieu pendant des années entières sur la voie publique.

Elle nous a fait déblayer les dépôts de neiges et glaces, *au commencement des dégels*, au lieu de ne les faire vider qu'*à la suite des dégels*.

Elle a indûment employé nos ouvriers à curer des égouts autres que ceux spécifiés par l'art. 22, et elle nous a entraînés ainsi dans des dépenses considérables.

Elle nous a requis de fournir une grande quantité d'outils et d'objets coûteux, qui n'étaient pas stipulés par l'art. 25.

Elle ne nous a pas laissés profiter du bénéfice de l'art. 28, qui devait nous procurer des économies considérables.

Elle nous a occasionné pour l'arrosement une augmentation excessive de dépenses et de risques, en méconnaissant la stipulation expresse de verser l'eau TOUJOURS *à pleine canelle sans former boue*, et en nous faisant exécuter des services gradués qui ne sont pas stipulés.

Elle s'est principalement attachée à accroître sans cesse et sans mesure le nombre des voitures à requérir pour les neiges et glaces, quand il ne doit pas excéder celui employé au service *ordinaire* de l'enlèvement.

Elle a fait revivre des pénalités effacées du traité, comme pour les balayages *mal faits*, les arrosements *mal faits*, les bottes *défectueuses*, etc., et elle a même créé des pénalités nouvelles, pour les chevaux *arrivés tardivement*, etc.

L'Administration enfin, et pour figurer d'un trait son système tout entier, a résumé le Cahier des charges dans cette stipulation de l'art. 43 : *l'Entrepreneur sera tenu de déférer à toutes les injonctions qui lui seront faites par l'Administration*, et elle a complétement méconnu cette restriction capitale, qui suit immédiatement : Sans que la présente clause puisse l'obliger (*l'entrepreneur*) a augmenter ses moyens d'exécution.

C'est par l'anéantissement de cette clause essentielle, que s'est trouvé détruit le principe de fixité que nous avons, dans le commencement de ce Mémoire, montré comme la principale modification apportée au *présent* Cahier des charges, principe protecteur qui devait donner à l'Entrepreneur une entière *garantie* contre les envahissements de l'Administration.

C'est par la destruction de cette barrière, qui devait être infranchissable , que l'Entrepreneur a été contraint d'augmenter indéfiniment ses moyens d'exécution.

L'Administration ne pourra donc pas contester qu'elle a enfreint les clauses du *présent* Cahier des charges ; de celui qui fait la règle de l'Adjudication , de celui dont nous nous sommes engagés à exécuter les stipulations , quand il est établi par cent preuves diverses qu'elle a substitué à ce Cahier des charges , un autre Cahier, qui avait éloigné tous les Soumissionnaires , et dont elle nous a imposé les clauses.

Ces infractions si multipliées et si absolues du contrat, qui seul fait la loi des parties , ont eu les conséquences les plus désastreuses.

Privés du chiffonnage, sur lequel étaient basées les espérances les plus grandes , nous avons vu l'Administration , par des exigences excessives et contraires aux stipulations les plus formelles , détruire une organisation d'enlèvement qui devait partiellement compenser la première ressource qui nous avait été enlevée.

Dépouillés ainsi de toute espèce d'avantages , nous avons été à la fois accablés de travaux excessifs et assaillis d'énormes retenues , qui , les 3 et 4 Janvier 1839 se seraient élevées, au maximum, à la somme inconcevable de 8,030 fr. 80 cent. (1).

En même temps nos dépenses se sont démesurément augmentées et tout moyen d'économie nous a été arraché.

---

(1) *Observation importante.* Les gelées avaient , depuis le 27 Décembre nécessité la réquisition de notre matériel et de notre personnel pour l'enlèvement des neiges et glaces; le dégel commença le 2 Janvier, et nous reçûmes pour le lendemain l'ordre de rentrer en service ordinaire, c'est-à-dire de terminer tout le service à 11 heures , quand les hauts quartiers étaient encore encombrés de glaces , et que la plupart des localités n'avaient pu être nettoyées depuis 8 jours : la conséquence de cet ordre fut un nombre inoui de procès-verbaux , dont quelques-uns constatèrent des défauts de balayage sur des endroits où les neiges étaient encore amoncelées à 10 pieds de hauteur !

Ces retenues étaient trop contraires au texte du Cahier des charges pour que nous puissions avoir la crainte de les voir définitivement maintenues; mais il est certain qu'elles nous auraient, à la fin du mois, provisoirement privés d'une somme de 8,000 fr. pour deux jours de service , quand la subvention était de 2,300 fr. par journée , et que nos ressources étaient totalement épuisées.

Il devenait donc probable , à en juger par ces deux jours , que la subvention totale de Janvier serait absorbée par les retenues , et nous n'étions pas en état de faire un service aussi dispendieux sans être rétribués par la Ville.

En outre , l'Administration nous donnait à connaître ses véritables intentions; ordonner à un Entrepreneur du Nettoiement d'exécuter l'enlèvement en trois heures , quand il reste encore des glaces sur la voie publique , c'est lui signifier qu'il ait à se retirer.

Un gouffre, où allait s'engloutir le patrimoine de toutes les familles intéressées à notre entreprise, et celui de tous les amis qui auraient eu l'imprudence de nous tendre une main secourable ; un gouffre sans fond s'ouvrait devant nos pieds ; nous nous sommes arrêtés, parce que les clauses du Cahier des charges n'étaient pas exécutées par la Préfecture de Police, et nous venons devant le Conseil demander justice.

Dans ces circonstances, le cautionnement de 300,000 francs déposé à la caisses des Dépôts et Consignations peut-il ne pas nous être rendu ?

Quels sont nos torts ? Aucuns.

Quels sont les torts de l'Administration ?

Lorsqu'un essai était tenté, lorsqu'il s'agissait d'éprouver quel parti l'industrie pouvait tirer d'un service resté depuis des siècles sans amélioration, lorsqu'une garantie était donnée à l'Adjudicataire par la fixité de ses obligations, l'Administration, qui devait toute sa protection à des expériences utiles pour la Ville, a abandonné l'Entrepreneur aux délits de toute une population ; et au lieu de la bienveillance éclairée que cet Entrepreneur avait droit d'en attendre, n'a déversé sur lui que des rigueurs et des surcharges qui devaient inévitablement l'écraser.

CHAPITRE IV.

PAIEMENT DE DIVERSES SOMMES ACQUISES AUX ENTREPRENEURS DU NETTOIEMENT.

Suivant les détails contenus dans l'état n° 55, il nous est dû par l'Administration les sommes suivantes :

16,019 fr. 85 c. pour solde des 3 derniers mois de 1838,
 6,115 » 11 » » des 6 premiers jours de 1839,
 4,231 » 00 » » mémoires de balayages.

____

26,362 fr. 00 c. ensemble.

M. le Préfet, à qui nous avons réclamé le paiement de ces sommes, nous a objecté qu'elles sont la garantie des dépenses et dommages-intérêts, que l'Administration pourra avoir à réclamer par suite de l'abandon du service.

Nous ne sommes nullement responsables des dépenses faites par l'Administration à la suite d'un abandon de service qui est la conséquence des infractions aux clauses du Cahier des charges commises par elle-même.

Nos motifs sont ceux que nous avons développés en demandant la restitution du cautionnement ; il est inutile de les répéter.

Nous devons ajouter ici que c'est par abus et malgré nos instances réitérées que le solde de la subvention des 3 derniers mois de 1838 ne nous a pas été payé avant le 6 Janvier : la décision du Conseil de Préfecture du 31 Janvier 1835 est positive sur ce point.

D'un autre côté, l'art. 49 veut que le prix des travaux par indemnité soit acquitté intégralement à la fin du mois qui suivra celui où ce service donnant lieu à indemnité aura été accompli, et la somme de 4,231 fr. aurait dû être payée à la fin de Décembre.

Quant aux 5,981 fr. 65 cent. qui forment le solde de la subvention proportionnelle des six premiers jours de Janvier 1839, il est dit à la vérité, par l'art. 49, « que l'Entrepreneur sera payé du prix de son adjudication « par douzièmes, de mois en mois, » et nous avons abandonné le service sans terminer le mois de Janvier ; mais ce sont les exigences illégales de l'Administration qui nous ont réduits à cette démarche, et si elle avait exécuté les clauses du traité, nous aurions pu, de notre côté, remplir nos obligations.

D'ailleurs, pendant six jours, le travail a été réellement exécuté ; la Ville en a profité, et il est de toute justice qu'elle en paie le prix.

CONCLUSIONS.

En conséquence, l'exposant conclut, Messieurs, à ce qu'il vous plaise condamner l'Administration de la Ville de Paris, en la personne de M. le Préfet de Police, à lui payer, conformément aux dispositions du Cahier des charges, et pour excès de travaux qui ont été exigés de l'Entrepreneur du Nettoiement, en dehors de ses obligations, huit cent quarante-neuf mille trois cent vingt francs un centime, suivant l'état n° 56, savoir :

Sur le service du balayage..... 277,641 fr. 32 c.		
Sur le service d'enlèvement.... 520,275 » 15 »	849,320 fr. 01 c.	
Sur le curage des égouts....... 38,327 » 22 »		
Sur le service d'arrosement..... 13,076 » 32 »		

La condamner également à rendre et restituer à l'exposant la somme de deux cent trente-huit mille soixante-dix-neuf francs quarante-neuf centimes, qui lui a été retenue pour prétendues contraventions, ci.. 258,079 » 49 »

à reporter....... 1,087,399 fr. 50 c.

Report.......... 1,087,399 fr. 5o c.

Ordonner que le cautionnement de trois cent mille francs, déposé, dans l'intérêt de l'Entreprise, par les héritiers Guenoux, leur sera rendu, tant en capital qu'intérêts, ou arrérages, à quoi faire seront tous dépositaires contraints en vertu de la décision à intervenir, quoi faisant déchargés; ci.......... 300,000 fr. »

Condamner enfin M. le Préfet de Police à payer à l'exposant la somme de vingt-six mille trois cent soixante-deux francs pour solde des services exécutés par l'Entreprise; ci........................ 26,362 fr. »

Ensemble, quatorze cent treize mille sept cent soixante et un francs cinquante centimes, ci...... 1,413,761 fr. 5o c.

Le tout avec dépens.

Paris, le 1er novembre 1839.

P. SAVALÈTE.

TABLE DES MATIÈRES.

FIN.